KB266546

세상을 읽는 방법, 지정학

세상을 읽는 방법, 지정학

초판 1쇄 발행 2026년 4월 30일
지은이 이두현, 권미혜, 김선아, 송윤경, 조정은, 한정원
펴낸이 김선기
편집 고소영·이선주
펴낸곳 (주)푸른길
출판등록 1996년 4월 12일 제16-1292호
주소 (08377) 서울시 구로구 디지털로 33길 48 대륭포스트타워 7차 1008호
전화 02-523-2907, 6942-9570
팩스 02-523-2951
이메일 purungilbook@naver.com
홈페이지 www.purungil.com

ISBN 979-11-7267-104-4 43300

경기도책공작소 독서기반교육연구회

세계시민으로 자라는
청소년 지정학 교실

세상을 읽는 방법, 지정학

이두현 | 권미혜 | 김선아
송윤경 | 조정은 | 한정원

교실에서 지구 끝까지, 세계시민을 키우는 지정학 교실

푸른길

차례

서문

우리는 매일 지도를 마주하며 살아갑니다. 학교 사회 시간에 펼치는 사회 과 부도에서부터 스마트폰의 길 찾기 앱에 이르기까지 지도는 매우 익숙 하고 당연한 도구입니다. 그래서 우리는 지도를 목적지를 찾거나 특정 '장 소'를 확인하는 평면적인 수단으로만 받아들이기 쉽습니다. 그러나 지도 를 조금 더 천천히 그리고 깊게 들여다보면 그 위에는 단순한 선과 색을 넘 어 각 국가가 선택해 온 생존 전략과 피할 수 없는 치열한 대립, 그리고 인 류가 끊임없이 고민해 온 평화를 향한 흔적이 촘촘히 새겨져 있다는 것을 알게 됩니다.

지정학은 단순히 땅의 모양을 설명하는 데서 멈추는 학문이 아닙니다. 한 나라가 지구 위 어디에 위치해 있는지, 거대한 산이 가로막고 있는지 혹은 넓은 바다와 인접해 있는지, 그리고 땅속에 어떤 자원이 묻혀 있는지와 같 은 지리적 조건이 그 국가의 운명과 정책이 결정된다는 원리를 연구하는 학문입니다. 이는 단순한 사실의 나열이 아니라 세계의 흐름 뒤에 숨겨진 '왜 그런 선택이 이루어졌는가'라는 질문에 답을 찾아가는 과정입니다. 산 맥이나 바다 같은 지리적 조건은 한 나라의 방어와 무역에 결정적인 영향 을 미치며 때로는 국가의 번영과 몰락을 결정짓는 운명의 열쇠가 되기도 합니다.

이러한 지정학적 관점으로 지도를 다시 펼쳐 보면, 복잡하게만 느껴졌던 국제 정세가 하나의 퍼즐처럼 맞물려 보이기 시작합니다. 러시아와 우크라이나의 충돌, 대만을 둘러싼 미국과 중국의 긴장, 중동 지역의 갈등이 왜 전 세계 에너지 시장을 흔드는지 역시 지리적 조건과 전략적 이해관계를 통해 설명할 수 있습니다. 특히 대륙 세력과 해양 세력이 만나는 반도라는 위치에 놓인 한반도가 왜 역사적으로, 그리고 현재에도 강대국들의 관심과 경쟁이 집중되는 공간이 되었는지를 이해하게 되면, 매일 접하는 국제 뉴스가 더 이상 먼 나라의 이야기가 아니라 우리의 삶과 직결된 문제임을 실감하게 됩니다.

이 책은 단순한 지리 지식의 전달을 목표로 하지 않습니다. 조례 시간에 시작되는 '지정학이란 무엇인가'라는 질문에서부터, 마지막 종례 시간의 '미래의 지정학'에 이르기까지, 여러분이 세상을 바라보는 새로운 시각을 갖도록 돕고자 합니다. 책장을 한 장씩 넘기다 보면 여러분은 세상을 바라보는 '새로운 안경'을 얻게 될 것입니다. 그 안경을 쓰고 세상을 보면 어렵게 느껴졌던 국제 뉴스가 비로소 이해되기 시작할 것입니다. 또 우리가 사는 한반도의 위치를 객관적으로 바라보고, 앞으로 우리가 어떤 방향으로 나아가야 할지 스스로 생각해보는 힘을 기르게 될 것입니다.

지도는 고정된 그림처럼 보이지만, 그것을 읽고 해석하는 인간의 지혜는 시대에 따라 끊임없이 변화해 왔습니다. 같은 지도 위에서도 누군가는 갈등의 이유를 발견하고, 누군가는 협력의 가능성을 찾아냅니다. 지정학은 바로 이 지점에서 우리에게 중요한 질문을 던집니다. 힘의 논리만이 아니라, 공존과 선택의 책임을 함께 생각하도록 요구하는 학문이기 때문입니다.

이 책은 청소년 독자들이 세계를 단순히 '이해하는데'서 멈추지 않고, 세계의 구성원으로서 '어떻게 살아가야 하는지'를 고민하도록 이끄는 세계시민 교육의 출발점이 되고자 합니다. 이 책을 덮는 순간 여러분은 더 이상 국제 뉴스를 수동적으로 소비하는 독자가 아니라, 세계의 흐름을 비판적으로 해석하고 책임 있게 생각할 수 있는 시민의 출발선에 서게 될 것입니다. 이 책을 통해 여러분이 지도를 읽는 눈을 기르고, 복잡한 국제 사회 속에서 자신만의 통찰력을 가진 지혜로운 시민으로 성장하기를 바랍니다.

저자 일동

지정학이란?

1

지정학이 뭐예요?

미국과 중국은 대만을 두고 왜 싸울까요?

중국 남동부의 대만해협을 두고 중국과 접하고 있는 대만은 국제 무대에
서 전략적으로 매우 중요한 곳이에요. 가까이는 중국이 있고, 동남아시아
와 일본을 연결하는 중요한 해상 교통로로서의 이점과 군사적 중요성 때

문에 중국과 미국이 서로 힘을 행사합니다. '하나의 중국'이라는 명분 아래 중국은 대만을 자국에 포함시켜 동아시아와 태평양 지역에서 더 큰 영향력을 갖고 싶어하고, 반대로 미국은 대만을 독립적으로 위치할 수 있도록 도우면서 중국을 견제하려고 해요.

대만은 국제 사회에서 경제적으로도 매우 중요한 나라입니다. 우리나라의 삼성전자와 경쟁하는 TSMC라는 세계적인 반도체 기업이 대만에 있어요. 전 세계적으로 유명한 컴퓨터, 자동차를 비롯해 인공지능 분야의 첨단 기업들이 대만의 반도체를 수입하고 있답니다. 특히 대만의 반도체를 수입하는 기업이 미국에 정말 많아요. 미국은 대만과 경제 협력 관계를 계속 유지하면서 대만이 중국에 반도체를 수출하지 못하도록 막고 있어요. 첨단산업을 육성하려는 중국은 이러한 미국과 대만에 대해 반감이 심하답니다.

중국은 여전히 대만을 통일하려는 목표를 가지고 있고, 대만은 독립적인 나라로서의 지위를 유지하려고 해요. 이러한 상황에서 미국과 중국 간의 관계로 대만 문제는 갈수록 복잡해지고 있어요. 앞으로 대만은 어떤 길을 걷게 될까요?

지정학이 뭐예요?

지정학(地政學)은 지리를 의미하는 '지(地)'와 정치를 의미하는 '정(政)'이 합쳐져 만들어진 학문으로, 영어로는 지오폴리틱스(Geopolitics)라고 해요. 지리적 위치가 국가 간의 관계, 정책, 경제 등에 미치는 영향을 연구하는 학문입니다. 한 나라의 위치, 크기, 자연환경 등이 그 나라의 힘과 관계를 어떻게 형성하는지 설명하는 것이지요. 나라와 나라 사이의 관계, 그리고 나라의 위치가 그 관계에 미치는 영향을 의미해요. 지리학의 한 분야라고 해서 정치지리학이라고 부르거나 나라들 간의 관계를 다룬다고 하여 국제 관계학이라고도 부른답니다.

세상에는 아주 많은 나라가 있습니다. 이 나라들은 서로 가까이 붙어 있거나 멀리 떨어져 있어요. 이러한 위치는 나라들 사이에서 일어나는 일들에 대해 아주 큰 영향을 준답니다. 이걸 이해하면 세상이 어떻게 움직이는지, 왜 어떤 나라들은 서로 도와주고, 어떤 나라들은 다투는지를 더 잘 알 수 있어요.

예를 들어, 주변에 산지가 많은 나라는 농업에는 불리하지만 적의 공격을 방어하는 데 유리해요. 반면, 넓은 평야에 위치한 나라는 농업에는 유리하지만 적의 침략을 막기가 쉽지 않아요. 또한 섬나라의 경우 육지와 교류하기 어렵지만 반대로 바다를 바탕으로 해상 무역을 이끌어 갈 수 있어요. 이렇게 나라의 위치와 자연 환경은 그 나라의 힘이 되기도 하고, 약점이 되기도 해요. 그리고 이러한 나라의 위치는 주변 나라와의 관계와 경제 등에 영향을 미치게 된답니다.

지정학은 왜 중요할까요?

좋아하는 친구와 놀고 싶을 때 가까운 곳에 있으면 자주 만날 수 있지만 멀리 떨어져 있으면 만나기 어려워요. 나라도 비슷합니다. 어떤 나라는 가까이 있어서 자연스럽게 교류하며 돕게 되고, 또 어떤 나라는 멀리 있어서 만나기도 쉽지 않아요. 하지만 더 중요한 것은 가까이 이웃한 나라라도 항상 좋은 때만 있는 것이 아니어서, 갈등이 발생하면 큰 싸움이 벌어지기도 한답니다.

지정학이라는 학문은, 서로 가까이 있는 나라끼리는 갈등이나 전쟁이 필연적이기 때문에 서로 친해질 수 없다는 측면에서 시작되었어요. 독일 나치가 국민을 선동할 때 독일의 지리적 위치를 강조하면서 유럽을 침략했기 때문에 이 당시 지정학은 부정적인 이미지가 강했어요. 특히, 제2차 세계대전 당시 지정학은 무척 위험한 연구가 되면서 잠시 자취를 감추게 되었어요. 이후 냉전 시대에 들어서며 각 나라에 대한 연구의 필요성을 깨닫게 되어, 이후 지정학 연구가 활발히 이루어졌어요.

지금은 지정학의 긍정적인 면이 더욱 부각되어 그 가치를 인정받고 있어요. 지정학을 알게 되면 나라들이 서로 왜 싸우는지, 왜 돕는지를 쉽게 이해할 수 있어요. 어떻게 하면 나라들이 서로 협력하면서 사이좋게 지낼 수 있는지도 알게 되지요. 석유가 많은 나라와 없는 나라, 식량이 많은 나라와 없는 나라, 자연재해가 많은 나라와 적은 나라들이 서로 돕고 나눌 수 있는 방법을 고민해 볼 수 있어요. 이렇게 서로를 이해하고 협력하는 태도가 세계를 평화롭게 만들어요. 과거 갈등과 전쟁이 지속된 유럽에 있는 나라들은 유럽연합이 만들어지면서 갈등이 줄고 서로 모여 협력하는 모습으로 바뀌었어요. 같은 돈을 사용하고, 사람들이 자유롭게 국경을 넘나들며, 물건도 사고 여행도 즐겨요. 나라가 힘들 때는 서로 힘을 합쳐 도와주고 멀리 떨어진 다른 나라와의 갈등도 함께 해결해 나갑니다.

사실 지정학이라는 말을 처음 들어 보는 친구들이 많을 거예요. 용어 자체부터 낯설다 보니 어렵게 느껴질 수 있어요. 사실 지정학은 우리의 일상생활과 모두 관련되어 있어요. 왜냐하면 먹는 것, 입는 것, 사는 집이나 일하는 회사까지 우리 일상의 모든 것이 다른 나라와의 관계에서 만들어지기 때문이에요.

우리의 일상과 관련되어 있다는 것을 알게 되니 지정학이 조금은 더 친숙하게 느껴지지요? 지정학은 단순히 나라 사이의 관계만을 설명하는 것이 아니라 우리가 살아가는 세상을 더 잘 이해하고, 더 나은 미래를 열어 주는 열쇠랍니다.

지정학의 요소는 무엇이 있나요?

지정학은 각 나라가 왜 서로 다르게 행동하는지, 어떤 이유로 싸우거나 돕는지를 쉽게 설명해 준답니다. 이를 이해하기 위해서는 먼저 지정학의 중요한 요소를 알아 두는 게 중요해요. 이 요소를 알면 나라와 나라 사이의 관계뿐만 아니라, 우리가 사는 세상이 돌아가는 원리를 더욱 쉽게 이해할 수 있어요. 자, 이제부터 지정학의 요소를 하나씩 알아보도록 해요.

지리적 위치: 나라는 어디에 있나요?

하나의 나라를 보면 어느 나라와는 친밀한 관계에 있는 반면에, 어느 나라와는 사이가 좋지 않아요. 이러한 관계는 대부분 나라의 위치가 큰 영향을 미쳐요. 가까운 나라들과는 자연스럽게 서로 영향을 주고받게 되고, 그에 따라 발전을 하거나 갈등이 생기기도 해요. 우리나라도 지리적으로 가까운 중국, 일본과 오랜 세월 문화를 교류하고 무역을 하면서 발전해 왔지만, 병자호란이나 임진왜란처럼 때로는 서로 충돌하면서 큰 전쟁을 치르기도 했어요. 잠시 휴대폰에서 세계지도를 찾아보세요. 중국, 러시아, 미국, 인도처럼 영토가 큰 나라가 있는 반면에, 싱가포르, 모나코, 바티칸처럼 정말 작은 나라도 있습니다. 미국은 어떻게 이렇게 큰 나라가 되었을까요? 바티칸은 이탈리아 로마라는 도시 안에서 어떻게 나라가 될 수 있었을까요? 몽골은 군사 강국인 중국와 러시아 사이에서도 지금까지 남아 있죠. 태국은 주변의 모든 나라가 식민 재배를 받았을 때에도 홀로 독립국가를 유지했어요. 섬으로 이루어진 영국과 일본은 한때 해양을 지배하면서 정말 강력한 국가가 되기도 했었답니다. 이처럼 각 나라의 지리적 위치는 시대적 상황에 따라서 성장할 수 있는 힘이 되기도 하고, 갈등이나 전쟁으로 가는 위협의 원인이 되기도 한답니다.

자원: 나라는 무엇을 가지고 있어요?

자원은 나라가 발전하고, 사람이 잘 살기 위해 꼭 필요한 것이에요. 석유, 천연가스, 식량 같은 자원이 많으면 나라가 더 부유해지고, 다른 나라와 거래할 때 더 유리한 위치에 설 수 있지요. 반면에 자원이 부족한 나라는 다른 나라에서 자원을 사 와야 해서 더 힘든 상황에 놓일 수 있어요. 사우디아라비아, 이란, 카타르 등이 있는 서남아시아는 석유 매장량이 무척 많은 지역이에요. 그래서 많은 나라가 이 지역에서 석유를 수입한답니다. 석유는 자동차나 비행기를 움직이게 하고 공장을 돌리는 데 꼭 필요한 자원이기 때문에, 이 지역은 지정학적으로도 아주 중요한 곳이에요. 얼마 전 이란과 이스라엘 사이에 갈등이 발생하면서 갑자기 석유 가격이 무척 상승했답니다. 이로 인해 우리나라와 같이 석유 수입 의존도가 높은 나라들은 큰 어려움을 겪었어요. 석유 가격이 상승하면 냉난방비도 오르고, 교통비, 식료품비까지 모두 오르기 때문이에요. 석유는 과거에는 검은 물로 불릴 정도로 가치가 없었지만 지금은 검은 황금으로 불릴 정도로 그 가치는 엄청나답니다. 이처럼 시대와 상황에 따라 자원의 가치도 달라지고, 자원이 많은 나라는 이를 가지고 엄청난 힘을 행사할 수 있어요. 즉 자원의 유무에 따라서 나라의 힘이 결정되기도 하고, 나라 사이의 관계가 결정되기도 한답니다.

경제력: 나라가 돈이 많이 있나요?

나라가 얼마나 부유한지를 보여 주는 것이 경제력입니다. 경제력이 강한 나라는 다른 나라들과 무역도 더 많이 하고, 다양한 방식으로 세계에 영향을 미칠 수 있어요. 경제력이 강한 나라는 군사력도 강해질 수 있고, 다른 나라에 필요한 도움을 줄 수도 있지요. 예를 들어 미국은 세계에서 가장 경제력이 강한 나라 중 하나예요. 그래서 다른 나라들과 무역을 활발히 하고, 많은 나라가 미국의 도움을 받기도 해요. 미국은 경제력이 강하기 때문에 다른 나라에서 문제가 생기면 그 나라를 돕기도 하고, 전 세계 경제에 큰 영향을 미쳐요. 미국이 휴대폰, 자동차, 가전제품 등을 많이 수입한다면 다른 나라들의 경제도 좋아질 수 있어요.

군사력: 나라를 지킬 수 있는 강한 군대가 있나요?

나라를 지키는 힘 군사력 때문에 나라가 더 커지기도 하고, 사라지기도 해요. 군사력이 강한 나라는 전쟁이 났을 때 자신을 지킬 수 있어요. 다른 나라가 두려워서 함부로 넘보지 못하고, 또한 군사력이 강하면 다른 나라가 그 나라를 존중하고, 협력하려고 더 신경을 쓰게 돼요.

전쟁 중인 러시아와 우크라이나 상황을 볼까요? 러시아는 군사력이 아주 강한 나라예요. 그래서 주변 나라들이 러시아를 두려워하거나 경계하기도 하지요. 러시아가 우크라이나를 공격하면서 두 나라 사이에 큰 갈등이 생겼어요. 러시아는 군사력을 사용해 우크라이나를 압박하려 했지만, 많은 나라가 우크라이나를 지원하면서 전쟁이 길어지고 있답니다. 이처럼 군사력은 나라들 사이의 관계를 결정짓는 중요한 요소 중 하나예요.

정치적 영향력: 나라가 다른 나라에 미치는 힘!

한 나라가 다른 나라의 정책이나 결정에 영향을 미치는 능력을 정치적 영향력이라고 말해요. 정치적 영향력이 큰 나라는 다른 나라가 그 나라의 의견을 더 많이 따르거나, 그 나라와 협력하려고 해요. 때로는 나라들이 모여서 문제를 해결하는 데 서로 도와주기도 하고, 갈등을 조정하기도 하지요. 세계 여러 나라들이 모여서 중요한 문제들을 해결하는 국제연합(UN)이 대표적인 사례예요. 국제연합은 세계 평화를 유지하고, 여러 나라들 사이에서 발생하는 갈등을 중재하는 역할을 해요. 국제연합의 힘은 바로 정치적 영향력에서 나와요. 각 나라들은 국제연합의 결정을 존중하고, 그에 따라 행동하려고 해요. 국제연합은 지정학적으로 세계 평화와 협력을 유지하는 데 큰 역할을 하고 있어요.

종교: 사람들은 무엇을 믿나요?

사람들이 신이나 신성한 존재를 믿고 따르는 종교는 사람들의 삶에 큰 영향을 미쳐요. 심지어 나라의 법이나 규칙에도 영향을 줄 수 있어요. 같은 종교를 가진 나라들끼리는 서로 돕기도 하고, 종교가 다르면 때때로 오해가 생겨 갈등이 발생하기도 해요.

이스라엘이라는 나라 안에는 유대교를 믿는 유대인과 이슬람교를 믿는 팔레스타인인이 함께 살고 있어요. 서로 거주하는 지역은 다르지만 수도 인 예루살렘은 두 종교의 성지이기 때문에 서로 포기할 수 없는 지역입니 다. 그렇기에 갈등이 지속되면서 테러와 전쟁으로까지 확산되었지요. 이 처럼 종교는 사람들을 하나로 묶어 주기도 하지만, 갈등의 원인이 될 때 도 있어요.

문화: 어떠한 생활 방식으로 살아왔나요?

사람들이 사는 방식, 즉 음식이나 옷, 언어, 음악 같은 한 사회의 공통된 생 활 방식을 일컬어 문화라고 해요. 문화는 사람들의 생각과 행동을 결정하 는 중요한 요소예요. 친구들끼리 같은 음악을 듣고, 같은 아이돌을 좋아하 면서 서로 가까워지는 것처럼, 나라들 사이도 비슷해요. 나라의 문화가 비 슷하면 서로 가깝게 지내게 되고, 나라의 문화가 다르면 서로 멀어지게 돼 요. 문화가 비슷한 나라들끼리는 더 쉽게 협력할 수 있지만, 문화가 많이 다르면 서로 오해하거나 갈등이 생길 수 있어요.

요즘 K-pop, K드라마 등 우리나라의 문화가 전 세계적으로 인기를 끌고 있어요. 이로 인해 한글과 한옥, 먹거리, 패션, 전자 제품을 비롯해 우리나 라의 아파트까지도 많은 나라에서 사랑받고 있지요. 한국 문화를 좋아하 는 사람들은 한국에 대해 더 잘 이해하게 되고, 한국과 그들의 나라 사이의 관계도 더 좋아지게 됩니다. 이런 문화 교류는 나라 사이의 벽을 허물고 서 로를 더 가깝게 만드는 중요한 역할을 해요.

지금까지 지정학의 요소를 알아봤습니다. 지리적 위치, 자원, 경제력, 군사력, 정치적 영향력, 종교, 문화 등이 어떻게 나라들 사이의 관계를 형성하고, 세상이 돌아가는데 큰 영향을 주는지 알게 되었어요. 이 요소는 나라마다 다를 뿐만 아니라, 나라들이 서로 어떻게 연결되어 있는지를 보여줘요. 이 요소를 통해 한 나라가 다른 나라에 협력을 이끌어 내기도 하고, 때로는 갈등을 해소해 나가는 방법을 찾을 수 있어요. 무엇보다 지정학의 요소를 통해 우리나라가 지닌 우수한 점은 더욱 키워 나갈 수 있고, 부족한 점은 채워 나가면서 미래를 준비할 수 있답니다.

바다의 힘과 육지의 힘

바다의 힘이 세상을 지배한다

1588년 엘리자베스 1세가 통치하는 영국이 해적과 해군력을 활용해 스페인의 무적함대를 격파했어요. 당시 스페인은 해양 강국으로 군림하며 유럽과 아메리카를 연결하는 거대한 해양 제국을 유지하고 있었는데, 영국은 이 전쟁에서 승리하면서 대서양과 유럽 해상에서의 영향력을 확대할 수 있었어요. 영국은 1600년에 설립된 영국 동인도 회사를 통해 인도, 동남아시아, 중국 등을 중심으로 무역망을 구축하였고, 이를 통해 막대한 부를 축적했어요.

17~19세기 영국은 아주 강한 해군을 가지고 있었어요. 「항해법(Navigation Acts)」을 도입하여 자국 선박의 무역을 보호하고 외국 선박의 무역을 제한하면서 전 세계 무역을 지배하고, 전쟁에서 승리했지요. 특히, 넬슨 제독이 이끄는 영국 해군은 나폴레옹의 프랑스-스페인 연합 함대를 격파함으로서 영국은 해양 시대를 열게 되었어요. 영국은 인도나 아프리카 같은 지역들과 무역을 했고, 바다를 통해 물건을 수출하고 수입할 수 있었어요. 19세기 산업혁명과 함께 영국은 증기선과 해저 케이블을 활용해 전 세계 식민지를 강화했으며, 수에즈 운하를 비롯해 여러 해협을 통제하면서 거

대한 해상권을 장악하게 되었어요. 이렇게 영국은 바다의 힘을 이용해서 전 세계에서 가장 강한 나라 중 하나가 될 수 있었답니다. 영국은 섬나라이기 때문에 자연스럽게 바다를 잘 이용할 수 있었어요. 영국의 사례처럼 바다가 나라의 힘을 결정하는 중요한 요소라고 주장한 사람이 있습니다. 바로 알프레드 세이어 머핸이에요. 머핸은 바다를 잘 이용하는 나라가 세계에서 강한 나라가 될 수 있다고 믿었어요. 그는 바다의 힘, 즉 해양력이 나라의 군사력과 경제력을 모두 강하게 만든다고 생각했습니다. 바다는 물건을 빠르게 운반할 수 있는 중요한 길이기 때문에, 바다를 통제하는 나라는 더 많은 돈을 벌고, 다른 나라들과도 쉽게 무역을 할 수 있다는 강점을 설명했어요.

미국도 바다의 힘을 잘 활용한 나라 중 하나예요. 미국은 대서양과 태평양에 둘러싸여 있어서 바다를 통해 다른 나라들과 무역을 활발히 했어요. 1898년 미국-스페인 전쟁에서 미국은 필리핀, 괌, 푸에르토리코 등을 차지했고, 태평양과 카리브해에서 해상 지배권을 확보하면서 바다를 지배하기 시작했어요. 특히, 제2차 세계대전 동안 미국은 강력한 해군력을 바탕

으로 태평양 전역에서 일본군을 제압하고, 노르망디 상륙 작전 등 대서양
과 유럽 작전에서도 핵심적 역할을 했어요. 전쟁이 끝난 후, 미국은 세계에
서 가장 강한 해군을 보유하게 되었고, 오대양에서 모두 활동하면서 세계
경제와 정치에 큰 영향을 미쳤지요.

육지의 힘이 세상을 지배한다

1812년 나폴레옹 전쟁 당시, 프랑스군의 러시아 침공에 맞서 러시아는 대
규모 후퇴와 초토화 작전을 펼치며 프랑스군을 고립시키고 물자 부족으로
약화시켰어요. 결국 혹독한 겨울철 추위와 연결된 러시아의 방어 전략은
나폴레옹 군대의 대패를 초래하며 유럽 내 러시아의 영향력을 강화했어
요. 특히, 20세기 초 러시아는 유럽 지역과 아시아 지역을 연결하는 시베
리아 횡단 열차를 건설하였고, 이는 러시아의 경제적·군사적 지배력을 아
시아로 확대하는 기반이 되었지요. 냉전 시기에는 육군과 기갑 부대를 중
심으로 유럽과 중앙아시아에서 강력한 군사력을 유지하며 서방에 맞서면
서 육지의 힘이 강하다는 것을 보여 주었어요.

이렇게 러시아는 넓은 땅과 자원을 바탕으로 육지에서 무척 강한 힘을 가질 수 있었어요. 넓은 영토 때문에 자연스럽게 육지를 잘 이용할 수 있었지요. 러시아의 사례처럼 육지가 나라의 힘을 결정하는 중요한 요소라고 주장한 사람이 있는데 그가 바로 해퍼드 존 매킨더에요. 그는 바다보다 육지에 중심에 있는 나라들이 더 큰 힘을 가질 수 있다고 믿었어요. 유럽과 아시아가 연결된 유라시아의 중심에 있는 러시아가 전 세계를 지배할 수 있다고 생각했지요. 그의 주장처럼 여러 나라들과 국경을 맞대고 있는 러시아는 주변에 위치한 나라들과 전쟁을 하거나 협력하며 육지의 힘, 즉 육지력을 발휘했어요. 특히 냉전 시기 러시아는 미국과 맞서 싸우며 전 세계에서 큰 영향력을 보여 주었답니다.

중국도 육지의 힘을 잘 활용한 나라 중 하나예요. 아시아 대륙의 동쪽에 위치한 중국도 여러 나라와 국경을 맞대고 있어요. 넓은 영토에 풍부한 자원을 가지고 있고, 거기에 15억 명에 달하는 사람이 살고 있어요. 최근에는 일대일로라는 프로젝트를 통해 주변 국가뿐만 아니라 그 너머의 국가들을 연결하는 철도와 도로를 건설하고 있어요. 이처럼 중국도 러시아처럼 육지를 활용해 경제적으로, 군사적으로 큰 힘을 발휘하고 있답니다.

바다의 힘과 육지의 힘, 어떤 힘이 더 중요할까요?

영국과 미국의 성장을 이끌었던 바다의 힘, 러시아와 중국의 성장을 이끈 육지의 힘, 과연 어떤 힘이 더 중요할까요? 어떤 나라는 바다를 통해 힘을 얻고, 어떤 나라는 육지를 통해 힘을 얻는데 이것도 시대와 상황에 따라 다르게 변하게 된답니다.

지금까지 육지의 힘을 바탕으로 성장했던 러시아는 북태평양, 북극해와 같은 거대한 바다에 눈을 돌리고 있어요. 특히 빙하가 녹으면서 북극해 지역의 자원 개발이 가능해졌고, 유럽과 동아시아를 연결하는 단거리 무역로의 가능성이 커지면서 러시아 경제 성장의 한 축이 되고 있지요. 중국 또한 육지의 힘뿐만 아니라 바다의 힘도 키워 나가고 있어요. 엄청난 양의 석유와 천연가스가 매장된 중국의 바다 영토가 자원의 보고로 알려져 있기 때문이지요. 더 나아가 미국과 경제적, 군사적으로 대립하고 있는 상황에서 바다가 갖는 힘이 무척 중요해졌답니다.

역사적으로 국가의 흥망성쇠를 결정해 온 바다와 육지의 힘은 지정학의 대표 요소인 지리적 위치의 핵심이 되었어요. 영토의 크기도 중요했고, 산이 둘러싸고 있는지, 평야는 얼마나 넓은지, 넓은 강은 있는지, 날씨는 온화하고 비는 얼마나 내리는지 등이 자연환경의 영향을 많이 받았지요. 그리고 주변에 어떤 나라들이 위치하고 있는지도 매우 중요했어요. 현대사회로 오면서 지리적 위치뿐만 아니라 다른 요인들의 중요성도 커지고 있지만 여전히 두 가지 힘은 모두 매우 중요해요. 그래서 여러 나라들이 바다의 힘과 육지의 힘을 모두 잘 활용해 국가의 힘을 기르기 위해 노력합니다.

미래의 지정학

지리적 위치나 자원, 경제력이나 군사력 등에 의해 나라는 크게 성장하기도 하고, 반대로 작아지기도 해요. 이런 요인들에 의해 여러 나라가 서로 관계를 맺고, 상호 간의 영향을 주고받게 된다는 지정학이 새롭게 변화하기 시작했어요. 계속되는 기후 변화를 넘어선 기후 위기와 코로나를 비롯한 새로운 바이러스의 등장으로 전 세계는 새로운 도전을 맞이하게 되었지요. 이와 함께 4차 산업혁명의 시대에 들어서면서 인공지능과 빅데이터 등의 기술 발전이 지정학의 새로운 요인이 되었어요. 차세대 이동 수단의 등장과 우주 항공 기술 등 교통 통신의 발달은 사람들이 접근하지 못했던 깊은 바다를 비롯해 지구 저 멀리 나아갈 수 있는 새로운 세계를 열게 되었습니다. 그럼 기후 변화와 바이러스, 기술 발전과 사이버 보안, 북극과 남극, 심해, 우주가 미래의 지정학에서 어떤 역할을 하게 될까요?

기후 변화와 같은 지구의 환경은 나라들의 힘을 바꿔요! 지구가 점점 더워지면서 그 전에 경험해 보지 못했던 큰 비가 내리거나 가뭄이 오랫동안 계속되고 있어요. 갑자기 하늘에서 천둥 번개가 치고, 주먹만 한 우박이 떨어져요. 이런 기후 변화로 인해 지금 여러 나라들이 위기에 처했는데 앞으로는 더 큰 위험이 될 거예요. 해수면이 점차 상승하면서 일부 국가들은 침수의 위험으로 나라를 떠나야 할 위기에 처했어요. 옥수수, 밀, 팜유 등은 점점 생산량이 감소하면서 여러 나라의 식량 부족 문제를 발생시켰지요. 분명 얼마 전까지 온대기후 지역이었는데 열대성 풍토병이 발생해 동식물뿐만 아니라 사람들도 위험에 처했어요. 무엇보다 큰 문제는 가뭄이 심해지면서 물을 구하지 못하는 것이랍니다. 지금도 심각하지만 물 부족 현상이 지속되어 강이나 호수가 말라 버리면 사람들은 정든 고향을 버리고 다른 나라로 떠날 수밖에 없게 돼요. 이처럼 기후 변화는 사람들이 살 수 있는 나라를 바꾸고, 나라들 사이의 협력과 갈등을 일으킬 수 있어요. 특히 물이 풍부한 나라와 식량이 풍족한 나라는 큰 힘을 갖게 되고, 물과 식량이 부족한 나라는 지금의 힘마저 잃어버리게 될 거예요.

기후 변화처럼 바이러스도 나라들의 관계를 바꾸는 요인 중 하나입니다. 코로나19가 퍼졌을 때, 전 세계의 나라들은 서로 협력해 백신을 만들고, 확산을 막기 위해 노력했어요. 하지만 백신과 치료제를 만드는 과정에서 의료 물자가 부족해 경쟁이 일어났어요. 기술과 돈이 많은 국가들이 먼저 의료 물자를 차지했고, 약소국들은 그 이후에야 공급을 받을 수 있었지요. 이런 경험은 바이러스가 나라들 사이의 협력과 갈등을 동시에 일으킬 수 있다는 걸 보여 줘요.

인터넷 기술의 발전은 많은 정보를 함께 공유할 수 있는 세상을 만들었습니다. 나라들은 인터넷을 통해 정보를 주고받는데 수집된 정보들, 즉 빅데이터는 기업과 나라에 강력한 힘이 되고 있어요. 이렇게 만들어진 빅데이터는 인공지능의 기반이 되었고, 인공지능을 선도하는 나라들이 미래를 지배하게 될 것이라고 전문가는 예측하고 있어요. 또한 이 정보를 훔치거나 컴퓨터 시스템을 공격하는 사이버 공격은 은행, 주식, 암호화폐 등과 관련된 경제 분야와 무인항공기, 미사일 요격시스템 등 군사 시스템에 큰 피해를 줄 수 있어요.

얼음으로 덮여 있는 남극 대륙과 북극해에도 엄청난 자원이 숨어 있어요. 기후 변화로 빙하가 점점 녹는 북극해는 유럽, 아시아, 북아메리카를 잇는 새로운 무역로가 될 거예요. 특히 러시아, 미국, 캐나다 등이 북극의 자원을 차지하기 위해 경쟁하고 있어요.

기술이 발전하면서 지금까지 사람들이 가 보지 못했던 장소들이 나라 간의 새로운 경쟁 무대가 되었어요. 가장 흥미로운 장소 중 하나는 깊은 바다 심해와 지구 밖의 우주예요. 주로 얕은 바다에서 자원을 찾았던 나라들의 탐사 기술이 발전하면서 깊은 바다, 즉 심해까지 탐사가 가능했졌어요. 심해에는 아직까지 발견되지 않은 자원들이 있어 탐사가 본격적으로 진행되면 바다를 두고 큰 갈등이 생길 수도 있답니다. 우주 탐사에는 이미 몇몇 나라들이 많은 돈과 기술을 투자하면서 달이나 화성 같은 다른 행성에 탐사를 보내고 있어요. 위성을 통해 정보를 수집하거나, 우주 기지를 건설하려는 계획도 있지요.

지정학의 의미도 새롭게 변화하고 있어요. 지리적 위치나 자연환경이 국가의 운명을 결정하는 환경 결정론적 입장에서 벗어나 인간의 행위를 점점 중요하게 보고 있어요. 현대사회로 오면서 이는 더 강화되고 있지요. 미래는 지정학의 의미에 인간의 행위나 인간이 만든 기술이 매우 중요하게 다가올 거예요.

1교시

인류의 발달과 지정학

메소포타미아 문명과 이집트 문명

강 사이의 땅, 메소포타미아

'강 사이의 땅'이라는 뜻의 메소포타미아는 페르시아만으로 흐르는 티그리스강과 유프라테스강 사이에 펼쳐진 평원입니다. 큰 두 강이 흘러 농사 짓기에 매우 좋은 조건을 가지고 있었어요. 홍수 때마다 강물이 넘치면서

메소포타미아 문명의 비옥한 초승달 지대

좋은 평야가 만들어졌고, 쉽게 농사에 필요한 물도 해결할 수 있었지요. 식량이 풍부해지면서 사람들이 모이고, 마을 커지면서 수메르 문명과 같은 도시 문명이 탄생했어요.

땅은 비옥했지만 강이 범람하는 것을 예측하기는 어려운 일이었습니다. 많은 비가 내려 강이 범람하면 농경지뿐만 아니라 도시도 침수의 피해를 입었어요. 이는 강물을 관리하기 위한 복잡한 관개 시스템을 만드는 기반이 되었어요. 넓은 평야가 펼쳐지고 사방이 열려 있는 개방적인 도시이다 보니 외부로부터의 침입이 많았어요. 가까이에 위치한 이집트, 페르시아, 히타이트와 같은 도시 문명들이 이곳을 차지하려고 했지요. 이러한 외적을 막기 위해 우르, 우루크, 바빌론과 같은 분산된 도시 국가 형태로 발전했는데 통합되지 못하고 왕조가 자주 교체되었어요.

거대한 건축의 전시장 이집트 문명

나일강 유역에서 발달한 이집트 문명은 매년 강물의 범람으로 비옥한 땅이 만들어지면서 성장했어요. 비옥한 땅과 따뜻한 기후 때문에 이집트는 농사짓기에 매우 좋은 곳이었지요. 무엇보다 동쪽과 서쪽으로는 거대한 사막이, 남쪽으로는 험준한 산맥이, 북쪽으로는 지중해가 막고 있어 외부로부터 침략을 막을 수 있었어요. 문명 초기부터 통일된 국가 형태로 유지되었던 이집트는 파라오라는 왕의 통치 체제를 유지했어요. 더불어 하천 유역을 따라서 형성된 도시 주변엔 석회암과 화강암 등 건축 재료도 풍부해 피라미드, 스핑크스 같은 거대한 건축물들을 세우며 문명을 발전시킬 수 있었답니다.

지정학이 가른 두 문명

지정학적 차이로 인해 메소포타미아와 이집트 문명은 발전 방향이 크게 달라졌어요. 개방적인 지역인 메소포타미아는 외부 침략의 위협과 도시 간 갈등이 빈번해 항상 불안정하고 통합적인 왕조가 만들어지기 어려웠어요. 그래서 도시별로 나뉘어 불안정한 형태로 성장할 수 밖에 없었답니다. 도시 문명은 거대한 두 강을 기반으로 농업은 발달했지만 나무, 돌, 금속과 같은 자원은 부족하다보니 오히려 주변과 교역은 활발했어요.

반면에 이집트 문명은 나일강 덕분에 발전했지만, 지정학적으로는 매우 안정적이었어요. 이집트는 사막, 바다, 산맥에 둘러싸여 있었기 때문에 외부로부터 침략을 받기가 어려웠어요. 사막은 자연적인 방어막 역할을 해주었지요. 사막과 바다라는 자연 방어막 안에서 나일강의 풍요로움 덕분에 이집트는 강력한 문명으로 오랫동안 유지할 수 있었어요.

지리적인 특성은 문화와 종교에도 영향을 주었어요. 위협에 항상 노출되어 있던 메소포타미아에서 신의 존재는 변덕스러운 자연환경을 관장하는 존재였습니다. 반면에 폐쇄적인 환경에서 안정적으로 유지되었던 이집트는 신이 무척 자애로운 존재였지요. 사후 세계와 부활에 대한 믿음은 피라미드와 같은 이집트의 건축에 반영되었어요.

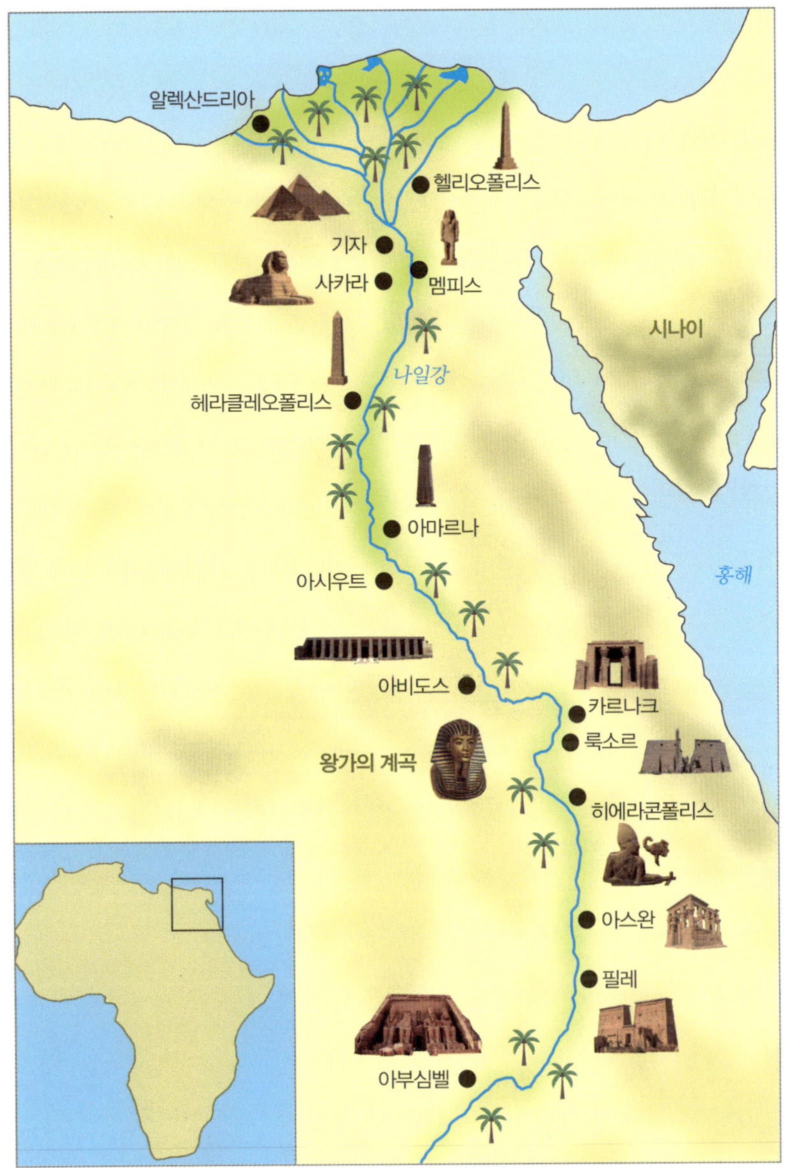

나일강 유역을 따라 성장한 이집트 문명

로마 제국의 바다 힘과 몽골 제국의 육지 힘

로마 제국과 지중해의 힘

로마 제국은 지정학적으로 매우 유리한 위치에 있었어요. 로마의 초기 기반인 이탈리아반도는 알프스산맥과 라인강 등이 자연 방어선이 되었고, 온화한 기후를 지니고 있었어요. 또한 "모든 길은 로마로 통한다"는 말처럼 제국 전역에 걸쳐 광범위하고 정교한 도로망을 건설했습니다. 이는 군

지중해 일대를 장악한 로마 제국

대의 신속한 이동뿐만 아니라 상업과 통치 효율성도 높이면서 중앙집권적 통치 구조를 강화하는 데 핵심 역할을 했어요.

정교한 도로망뿐만 아니라 로마의 성장에 가장 강력한 원동력 중 하나는 바다였습니다. 반도의 중앙에 위치하다 보니 삼면이 모두 바다여서 육지를 통한 진출에는 한계가 있었어요. 하지만 오랜 무역을 통한 항해 기술, 전투 기술의 발달로 그 중심에 있는 지중해를 쉽게 넘어다닐 수 있었지요. 로마 제국은 이러한 위치를 이용해 지중해를 장악했어요. 바다를 통한 무역로는 물건을 빠르게 실어 나르기 좋았어요. 그래서 로마는 지중해를 통해 여러 나라와 무역을 했고, 점차 강력한 나라로 성장하면서 그리스 및 소아시아, 북아프리카로의 확장을 이룰 수 있었어요.

몽골 제국과 육지의 힘

몽골 제국은 인류 역사상 가장 넓은 영토를 차지했던 나라 중 하나예요. 고도가 높은 초원에서 양과 염소, 말 등을 키우며 살았기 때문에 풀을 찾아 이동하는 유목 생활을 해야 했고, 건조한 기후와 겨울철의 매서운 추위도 견뎌 내야만 했어요. 자연스레 말을 타고 다니는 것은 일상생활이 되었고, 이는 당시 몽골군의 강력한 힘이 되었습니다. 초원에 펼쳐진 길을 따라 빠르게 이동하면서 주변 나라들을 정복해 나갔어요. 당시 몽골제국은 동아시아와 서아시아, 유럽을 연결하는 초원길과 비단길의 중심에 자리 잡고 있었어요. 유라시아 대륙의 동쪽에서 시작해서 점차 대륙의 중앙으로 이동하면서 중앙아시아와 중동을 넘어 유럽 동부까지 광대한 지역을 지배했지요. 정복 과정에서 몽골은 다양한 문명과 접촉하면서 문화적으로, 종교

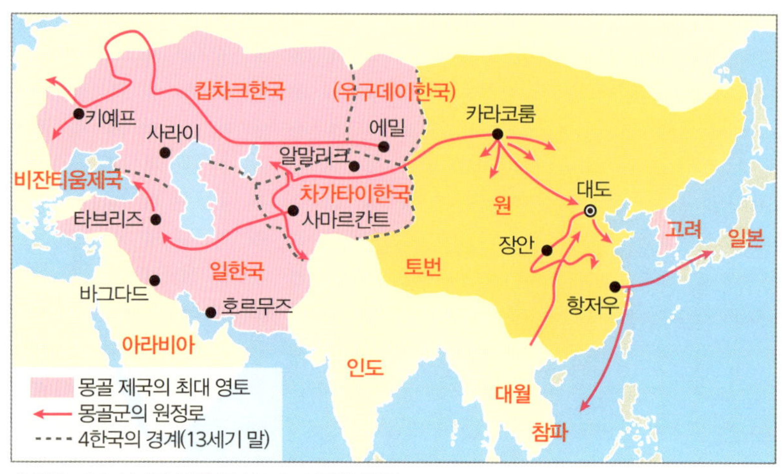

초원을 따라 이어진 길을 중심으로 성장한 몽골

적으로 융합을 이뤘어요. 더욱이 칭기즈칸과 그 후계자들은 피정복 지역의 행정과 경제 시스템을 채택하고, 종교적 관용 정책을 시행함으로써 영토 내 통합을 강화할 수 있었어요.

로마 제국과 몽골 제국의 지정학

'우리의 바다(Mare Nostrum)'라고 불렀을 정도로 지중해는 로마의 중심에 있었습니다. 일찍부터 지중해를 장악한 로마는 여러 지역에서 곡물, 금, 향신료 같은 물품을 들여왔지요. 바다를 통해 많은 물건을 교류하면서 경제적으로 번성하게 되었어요. 지중해는 로마의 무역로이자 교통로가 되었고, 물자를 비롯해 군대를 빠르고 효율적으로 이동시키면서 유럽, 아시아, 아프리카의 넓은 지역을 지배할 수 있었답니다.

초원지대에 위치했던 몽골은 말을 이용한 기동성을 바탕으로 동쪽의 중국부터 서쪽의 유럽까지 진출할 수 있었어요. 특히 초원길과 비단길을 장악하면서 아시아와 유럽을 연결하였고, 이를 통해 다양한 문물과 물품을 교류하면서 번영했어요. 광대한 제국을 건설하면서 여러 부족과 민족의 차이를 극복하기 위해 다양한 문화를 수용했어요. 광대한 영토를 지배하면서 하나로 통치하기 어려워 제국을 여러 개로 나누고, 각 지역을 친족들이 다스리는 울루스 시스템과 빠르게 정보를 전달하기 위해 말을 타고 릴레이 방식의 야무 네트워크를 활용했어요.

이처럼 로마와 몽골이 제국으로 성장해 나갈 수 있었던 가장 큰 지정학적 요인은 지리적 위치였어요. 삼면이 지중해로 둘러싸인 로마는 이를 교통과 무역, 더 나아가 영토 확장에 활용하면서 제국으로 성장할 수 있었고, 유라시아 대륙, 초원의 중심에 자리했던 몽골은 말을 활용한 기동성과 전략을 바탕으로 거대한 제국으로 성장할 수 있었습니다.

울루스 시스템: 울루스는 몽골 제국이 넓은 영토를 효율적으로 다스리기 위해 황제의 아들들과 친족들에게 각 지역을 분배해 통치하도록 했던 제도예요. 각 울루스는 독자적으로 세금을 걷고 군대를 유지하면서, 몽골 제국의 일원으로 함께 움직였어요.

야무 네트워크: 야무는 몽골 제국 전역에 설치된 말 교대소이자 통신망이에요. 관리와 병사가 말을 갈아타며 빠르게 이동해 소식과 명령을 전달했어요. 덕분에 몽골 제국은 유라시아를 잇는 빠른 행정·무역 시스템을 유지할 수 있었어요.

대항해 시대와 근대 유럽

대항해 시대와 신항로 개척

15세기 이후 유럽의 항해 기술은 급격히 발달하게 되었어요. 물에 자침을 띄워 쓰던 중국의 나침반 기술은 유럽으로 들어와 자침을 매달아 쓰는 나침반으로 발전했어요. 거대한 돛을 단 범선이 바람을 가르며 먼 바다까지 항해가 가능했겠습니다. 이러한 기술의 발달로 유럽인들은 아메리카와 아프리카, 그리고 아시아로 나아가 새로운 땅을 발견하게 되었어요. 이 시기

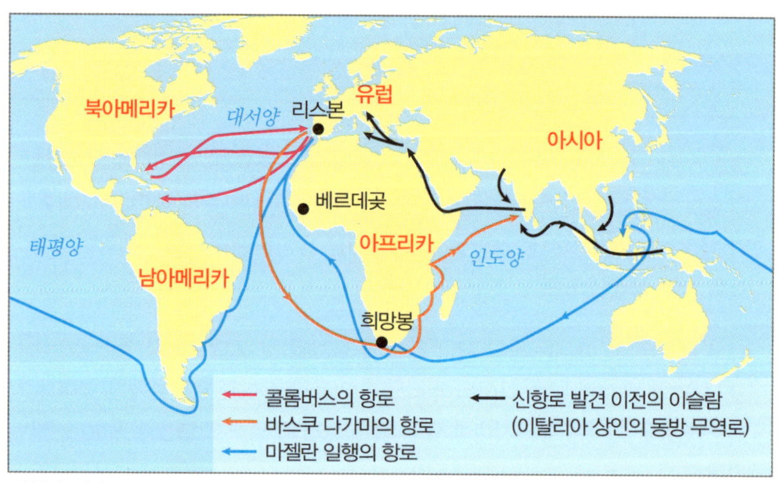

대항해 시대의 신항로 개척

를 일컬어 대항해 시대라고 부릅니다.

1336년 포르투갈 왕국은 카나리아 제도 탐험에 첫 발을 내딛었어요, 그렇지만 본격적인 개척의 시작은 15세기에 들어서부터랍니다. 아프리카 해안에 관심이 많았던 유럽인들이 탐험을 거듭하면서 적도와 남아프리카공화국을 거쳐 인도항로를 발견하게 되었어요. 포르투갈 출신 탐험가인 바스쿠 다가마의 인도항로 개척은 유럽인들이 식민지 시대를 여는 발판이 되었지요. 콜럼버스가 아메리카 대륙을 발견한 것도 이 시기랍니다. 마젤란 탐험대가 세계일주를 성공하면서 지구가 둥글다는 사실도 증명되었어요. 항해 기술의 발달과 함께 지리적 지식이 확대되면서 유럽 각국은 대서양, 인도양, 태평양 곳곳과 미지의 신대륙에 원정대를 파견했어요. 새로운 땅에서 금이나 향신료 같은 자원을 가져와 유럽의 국가들이 많은 부를 쌓았어요. 특히 강력한 해군력을 자랑했던 영국은 전 세계에 여러 식민지를 세우고, 식민지의 자원을 수탈해 경제를 발전시켰습니다.

가슴 아픈 아프리카

뛰어난 항해술과 강력한 해군력을 바탕으로 유럽은 아프리카와 아메리카를 연결하는 삼각 무역을 통해 많은 이득을 취할 수 있었어요. 하지만 아시아, 아프리카, 아메리카 등 주변 대륙의 입장에서는 좋은 일이 아니었지요. 특히, 유럽이나 다른 대륙의 노예로 팔려 가야 했던 아프리카 사람들의 입장에서는 가슴 아픈 역사의 시작이 되었답니다.

서아프리카 해안에 위치하여 영국과 스페인, 포르투갈 등과 가까웠던 세네갈, 감비아 등이 피해를 보게 되었어요. 이들 국가는 15세기 후반부터

노예 무역의 거점이었던 세네갈의 고레섬

포르투갈의 지배를 받으면서 금과 같은 자원뿐만 아니라 원주민들이 노예로 팔려 나갔지요. 노예 무역의 대표적인 장소가 서아프리카 해안선의 중앙부에 자리 잡고 있던 세네갈의 고레섬(Gorée Island)이었습니다. 천연 항구를 가지고 있어 배를 정박하기 좋았고, 군사적 요새를 세우기에도 유리해 유럽에서 아프리카로 항해하는 탐험가들과 상인들에게는 중간 정착지로 가장 이상적인 장소였어요. 무엇보다 세네갈과 감비아의 내륙에서 강을 통해 데려온 노예를 모을 수 있는 지리적 이점이 있었지요. 이 항구를 통해 유럽은 아프리카 노예를 대서양 넘어 아메리카로 이주시켰어요. 금, 상아, 노예의 공급지로 아프리카는 점점 유럽의 경제적 착취 거점이 되었습니다. 신항로와 신대륙 발견으로 시작된 찬란한 유럽의 대항해 시대의 이면에는 노예 무역이라는 비극적인 역사의 시작이 있었답니다.

산업혁명과 지정학

산업혁명은 어떻게 시작되었을까?

산업혁명은 영국에서 처음 시작되었습니다. 그전까지 사람들은 주로 농사를 지으며 생활했지요. 옷이나 물건을 만드는 데도 대부분 손으로 작업을 했어요. 1700년대 유럽에서는 면직물이 많은 인기를 얻으면서 여러 공장이 만들어졌지만 여전히 많은 사람이 손으로 작업을 해야 했습니다. 1769년 제임스 와트가 증기기관을 개선하면서, 기계를 증기의 힘으로 돌릴 수 있게 되었습니다. 이를 이용하여 영국은 면직물을 대량 생산할 수 있게 되면서 많은 이윤을 얻게 되었어요. 그 이후 많은 기계와 공장들이 생겨나고 기술이 발달하면서 사람들의 생활 방식도 크게 변화하게 되었어요. 새로운 기술의 발전은 곧바로 유럽뿐만 아니라 세계로 퍼져 나가게 되었어요. 이처럼 영국에서 시작되어 약 100년간 진행된 산업 기술의 발전과 산업 사회로의 변화를 일컬어 산업혁명이라고 한답니다.

영국의 지정학과 산업혁명

섬나라인 영국은 유럽 대륙이 혼란했던 시기에 외부 침략의 위협에서 비교적 안전했어요. 정치적 안정을 유지하면서 해양력에서 우위를 점할 수 있게 되었고, 이를 통해 많은 나라와 무역을 하면서 교류할 수 있는 유리한 이점을 가질 수 있었어요. 여기에 산업혁명의 핵심 원동력이 되는 석탄과 철광석 같은 자원을 풍부하게 보유하고 있었지요. 또한, 영국의 법과 제도는 기업 활동과 혁신을 장려하며 산업화가 촉진될 수 있는 환경을 조성했어요. 증기기관뿐만 아니라 다양한 기술이 발전하면서 영국은 산업혁명의 발상지가 될 수 있었답니다.

영국에서 시작된 산업혁명은 유럽뿐만 아니라 전 세계 여러 나라에 영향을 미쳤어요. 기계를 돌리기 위해서는 석탄과 같은 에너지 자원과 철광석과 같은 지하자원이 필요했고, 공장에서 만든 물건을 팔기 위해서는 기존 시장보다 더 넓은 시장이 필요했어요.

유럽의 많은 나라가 서로 더 많은 자원을 차지하기 위해 경쟁 하면서 수많은 전쟁을 치렀고, 영토를 넓혀 갔어요. 이때부터 지정학은 나라들 사이에서 가장 중요한 가치가 되었습니다.

영국은 아시아, 아프리카, 아메리카 등지에 식민지를 세우기 시작했어요. 특히 인도를 식민지로 삼아, 그곳에서 생산한 면화와 차, 향신료 같은 자원을 가져왔어요. 이를 이용해 공장에서 물건을 만든 다음, 다시 식민지에 그 물건들을 팔면서 더 부유하고 강력한 나라가 되었습니다. 프랑스와 독일, 네덜란드 등 유럽의 국가들도 아시아와 아프리카에 식민지를 세우게 되는 데요. 그 과정에서 서로가 더 많은 땅을 차지하기 위해 경쟁하면서 전쟁이 일어나기도 했어요.

수에즈 운하, 대영 제국의 생명선 vs 인도 수탈의 기점

산업혁명은 교통에도 큰 변화를 가져왔습니다. 이전에는 물건을 옮기거나 사람들이 이동하는 데 시간이 많이 걸렸지만, 산업혁명 이후에는 기차와 증기선 같은 새로운 교통수단이 발명되면서 이동이 빨라져 나라와 나라 사이가 더욱 가까워질 수 있었어요. 1869년 지중해와 홍해를 연결하는 물길인 수에즈 운하가 개통되면서 유럽과 아시아를 잇는 물길은 무척 짧아졌어요. 초기에 프랑스 자본이 많이 투입되었던 운하 건설은 이집트가 경제적 위기에 처하여 운하 지분을 영국에 넘기면서 영국이 지배권을 갖게 되었어요. 영국은 수에즈 운하를 통해 인도로 가는 일명 "대영제국의 생명선(Lifeline of the Empire)"을 만들게 되었어요. 인도뿐만 아니라 동남아시

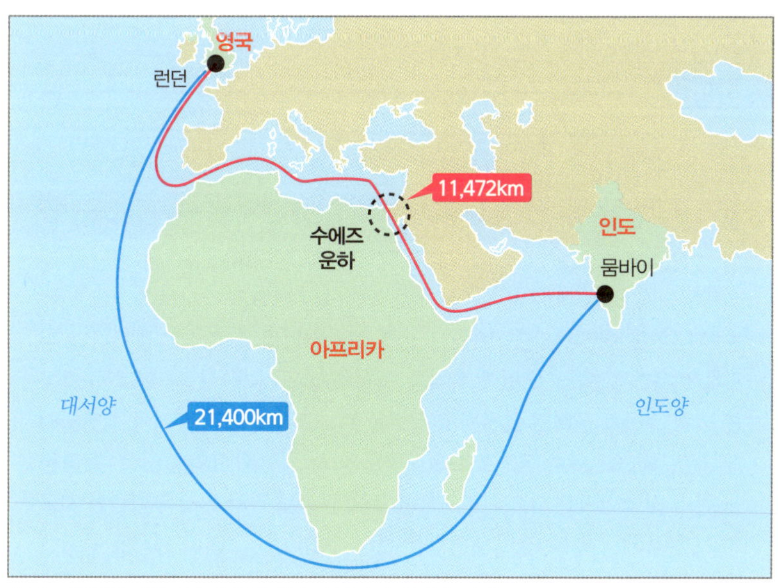

수에즈 운하의 개통으로 단축된 런던과 뭄바이 사이의 거리

아, 더 나아가 중국까지 영국의 해상 교역로는 더욱 빨라지게 되었습니다. 한편 수에즈 운하는 영국뿐만 아니라 유럽 열강들이 아프리카와 아시아를 식민지로 삼는 데 중요한 전략적 위치에 있었어요. 이 운하를 통해 유럽 열강은 인도양과 동아프리카로의 항해 시간이 크게 줄어들어, 군사적 이동과 자원 수탈이 더 쉬워졌습니다.

특히 인도의 입장에서 보면, 수에즈 운하의 개통은 자신의 나라에서 영국으로의 자원 수탈이 더욱 심해지는 문제를 발생시켰어요. 면화와 섬유산업이 번성했던 뭄바이는 자원 수탈의 핵심 항구가 되었고, 동인도회사가 있던 콜카타는 차, 아편, 향신료와 같은 상품들을 착취 당하게 되었지요. 이처럼 지리적 항로를 단축 시킨 수에즈 운하는 교통의 혁신이 넘어서 식민 지배와 착취의 도구로, 인도의 지정학적 아픔을 상징한답니다.

80일간의 세계 일주

쥘 베른의 소설 『80일간의 세계일주』는 19세기 말 과학 기술의 발전과 탐험 정신을 배경으로 한 소설이에요. 영국 신사 필리어스 포그는 런던의 개혁클럽에서 80일 만에 세계일주가 가능하다는 의견을 주장하며, 2만 파운드의 내기를 제안하지요. 1872년 10월 2일 런던을 출발하고, 증기선과 철도를 이용해 다양한 나라와 문화를 경험하게 됩니다. 프랑스와 이탈리아를 거쳐 수에즈 운하로 연결된 이집트를 지나고 인도에서는 기차와 코끼리 타고 이동해요. 이후 싱가포르와 홍콩을 거쳐 일본에 도착합니다. 태평양을 건너 미국 샌프란시스코에 도착한 포그 일행은 기차로 대륙 횡단을 시도하고, 뉴욕에서 배를 타고 대서양을 건너게 되지요. 그러나 예정된 증기선을 놓치게 되어 선원을 고용하고 배를 임대하여 런던으로 돌아옵니다. 날짜를 잘못 계산했다고 생각했지만 날짜 변경선 덕분에 실제로는 하루를 앞당겨 도착했음을 깨닫고, 마침내 정해진 시간 내에 개혁클럽에 도착하여 내기에서 승리하게 되지요.

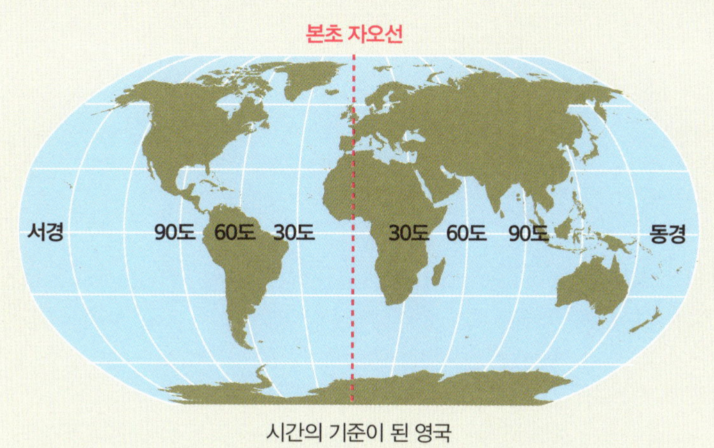

시간의 기준이 된 영국

알고 보면 이 소설에는 시간의 중심이 영국이라는 사실이 숨겨져 있어요. 우리가 흔히 전 세계의 시간을 정하는 기준으로 사용하는 본초 자오선(Prime Meridian)은 바로 영국의 그리니치에 있어요. 본초 자오선이란 지구를 동쪽과 서쪽으로 나누는 기준이 되는 선이에요. 그 이전에는 유럽의 나라들이 서로 자신만의 시간을 만들고 기준으로 삼았기 때문에 서로 시간이 달라 혼란이 많았어요. 이런 문제를 해결하기 위해 1884년 미국 워싱턴에서 국제 자오선 회의가 열렸어요. 이 회의에서 시간의 기점이 되는 본초 자오선을 영국의 그리니치로 정하게 되었어요. 당시 영국은 정치, 경제 등 모든 분야를 앞서 나가는 강대국이었고, 무엇보다 그리니치 천문대에서 정확한 시간 계산이 이루어지고 있었기 때문이에요. 따라서 영국이 본초 자오선, 즉 0도가 되고, 좌우로 각각 180도로 하여 지구 한 바퀴, 즉 360도가 된답니다.

동서양이 만나는 유라시아

아시아는 어디에서부터 어디까지일까?

지구에서 가장 큰 대륙 아시아

지구본을 손으로 돌리다 보면 파란 바다 위로 거대한 땅덩어리가 보입니다. 그중에서도 가장 넓고 커다란 대륙이 바로 아시아예요. 아시아는 하나의 대륙으로 구분되지만 사실 유럽과 하나로 이어진 땅덩어리예요. 그래서 유럽과 아시아를 합쳐서 '유라시아'라고 부르기도 합니다. 유라시아는 단순히 크기만 한 게 아니에요. 지구에 살고 있는 약 80억 명의 사람 중에서 40억 명 이상이 아시아에서 살고 있을 만큼 가장 많은 사람들이 살고 있는 대륙이고 수천 년 동안 이어진 다양한 문화와 역사가 살아 숨쉬고 있는 곳이에요.

아시아는 흥미로운 특징을 많이 갖고 있어요.

1 **아시아는 사람이 가장 많이 사는 대륙이에요.**

세계에서 인구가 가장 많은 나라인 중국과 인도도 아시아에 있어요.

2 **세계에서 가장 높은 산과 가장 깊은 호수가 있어요.**

세계에서 가장 높은 산인 에베레스트산(8,849m)이 아시아에 있어요. 에베레스트산은 네팔과 중국 사이에 걸쳐져 있지요. 정상에서 한쪽을 보면 네팔, 다른 쪽을 보면 중국 땅이라서 에베레스트 정상에서는 두 국가를 동시에 볼 수 있어요. 매년 많은 사람들이 에베레스트산 정상에 오르기를 도전하지만 등반 도중 목숨을 잃는 사람들도 많아요. 높이 올라갈수록 산소가 부족하기도 하고 기온이 영하 40~50도까지 내려가기 때문입니다. 그리고 세계에서 가장 깊은 호수인 바이칼 호수(1,642m)도 있어요. 바이칼 호수는 러시아에 있는데 이 호수에 있는 물의 양은 전 세계 담수의 20%를 차지해요.

③ 아시아에는 가장 많은 언어가 존재해요.

아시아에서는 약 2,300개의 언어가 사용되고 있어요.

④ 아시아에는 세계에서 가장 넓은 나라, 섬이 가장 많은 나라가 있어요.

세계에서 가장 넓은 나라는 러시아인데 러시아는 아시아와 유럽에 걸쳐 있어요. 러시아의 동쪽 지역이 아시아에 포함되어요. 세계에서 섬이 가장 많은 나라는 인도네시아예요. 인도네시아는 약 17,000개 이상의 섬으로 이루어져 있어요.

⑤ 아시아는 세계에서 가장 오래된 문명들이 시작된 곳이에요.

인류 최초의 문명 중 메소포타미아 문명(이란, 이라크 지역), 인더스 문명(인도, 파키스탄 지역), 황허 문명(중국)이 모두 아시아에서 시작되었어요.

이 외에도 아시아에는 놀랍고 흥미로운 사실들이 가득하답니다. 이제 여러분과 함께 아시아를 탐험해 보려고 해요. 이곳에는 세상에서 가장 넓은 나라, 바다가 없는 나라, 이름이 비슷비슷한 나라들이 있어요. 또 인류 최초의 도시가 탄생한 곳도 있고 국경선이 직선으로 쭉쭉 그어진 지역도 있습니다. 자, 그럼 아시아 속 흥미로운 이야기들을 하나씩 풀어 볼까요?

세계에서 가장 넓은 나라

러시아는 세계에서 가장 넓은 나라입니다. 그 면적은 약 1,710만km^{2}로, 대한민국의 약 170배에 달해요. 너무 넓다 보니 유럽과 아시아, 두 대륙에 걸쳐 있는 나라이기도 하지요.

러시아는 무려 11개의 시간대를 가지고 있어요. 대한민국처럼 하나의 시간대를 사용하는 나라에서는 서울이 아침 8시일 때, 부산이나 제주도도 똑같이 아침 8시지요. 하지만 러시아는 워낙 땅이 넓기 때문에, 수도 모스크

유럽과 아시아, 두 대륙에 걸쳐 있는 러시아

바가 아침 8시일 때 동쪽 끝의 캄차카반도는 저녁 7시일 수도 있어요. 같은 나라 안에서도 시차가 존재하는 거예요.

도시 간의 이동도 간단하지 않아요. 워낙 거리가 멀어서 한 도시에서 다른 도시로 가는 데 며칠이 걸리기도 해요. 그래서 세계에서 가장 긴 철도인 시베리아 횡단열차가 생겼답니다. 이 기차를 타고 모스크바에서 블라디보스토크까지 약 9,288km를 달리면 최소 7일이 걸려요. 기차 안에는 침대, 화장실, 샤워실, 식당 등 다양한 시설이 갖춰져 있어서 멀고 긴 여정을 조금 더 편안하게 만들어줘요.

여행객들은 창밖 풍경을 감상하거나, 책을 읽고, 다른 승객들과 이야기를 나누면서 기차 안에서의 시간을 즐깁니다. 다양한 나라에서 온 사람들이 한 기차에 모여 며칠 동안 함께 생활하며 문화를 나누는 모습은 대중 매체를 통해서도 자주 소개돼요.

세계에서 가장 추운 지역과 유럽 최고봉까지

러시아는 '추운 나라'로도 유명하지요. 그중에서도 시베리아의 오이먀콘이라는 마을은 사람이 살고 있는 곳 중 가장 추운 마을로 알려져 있어요. 이곳의 역대 최저 기온은 무려 영하 67.7도! 이 수치는 1933년 2월에 측정된 것으로 세계기상기구(WMO)에서 공식적으로 인정한 기록이에요. 겨울에는 영하 50도 이하로 떨어지는 일이 흔해서, 공중에 물을 뿌리면 순간 얼어 버리는 장면도 볼 수 있어요.

러시아는 추위뿐 아니라 높은 산으로도 유명해요. 러시아에 있는 엘브루스산은 유럽에서 가장 높은 산이에요. 해발 5,642m에 이르는 이 산은 유

공중에 뿌린 물이 바로 얼어붙는 러시아의 오이먀콘

럽과 아시아의 경계인 캅카스산맥에 자리 잡고 있어요. 눈으로 뒤덮인 엘브루스산은 정말 아름다워서 전 세계의 등산가들이 이곳을 오르기 위해 러시아를 찾습니다. 정상에 오르면 유럽과 아시아가 함께 내려다보이는 멋진 풍경이 펼쳐져요.

풍부한 자원을 가지고 있는 나라

러시아는 땅이 넓은 만큼, 지하자원도 어마어마하게 많아요. 천연가스 매장량은 세계 1위, 석유 매장량은 세계 2위 수준이에요. 다이아몬드, 금, 석탄, 철광석 등 다양한 광물도 풍부하게 묻혀 있어서 세계 최대 규모의 다이아몬드 생산국 중 하나로 꼽히지요. 또한, 러시아에는 세계에서 가장 넓은 침엽수림 지역인 타이가가 있어요. 이 삼림은 지구 산소의 약 20%를 생산한다고 해서 '지구의 허파'라고도 불립니다.

러시아는 단순히 땅만 넓은 나라가 아니라, 자연·기후·지리·자원까지 정말 다양한 특징을 가진 아주 흥미로운 나라예요.

왜 '-스탄'으로 끝나는 나라들이 많을까?

세계지도를 보면 '카자흐스탄, 우즈베키스탄, 파키스탄, 아프가니스탄, 투르크메니스탄처럼 이름이 '-스탄'(stan)으로 끝나는 나라들이 많이 보여요. 이 나라들은 어디에 있는 걸까요? 그리고 왜 이렇게 비슷한 이름을 가지고 있을까요? '-스탄' 나라들의 비밀을 풀어봅시다.

'-스탄'으로 끝나는 나라들

'-스탄'은 무슨 뜻일까요? 이 단어는 페르시아어로, '땅' 혹은 '나라'라는 뜻을 가지고 있어요. 과거 중앙아시아 지역은 유목민들이 많이 살던 곳이었어요. 유목민들은 한곳에 머물지 않고, 가축을 키우며 넓은 초원을 이동하는 생활을 했어요. 그래서 '이곳은 누구의 땅이다!'라는 개념이 약했지요. 하지만 점점 각 민족이 정착하면서, 자신의 땅을 구분할 필요가 생겼고, 이렇게 '-스탄'이라는 이름을 사용하게 되었어요. 예를 들어, '카자흐족'이 많이 사는 지역은 '카자흐스탄', '우즈벡족'이 사는 지역은 '우즈베키스탄'이 된 거예요. 이런 식으로 각 민족이 자기들의 땅을 이름으로 표현하게 된 것이지요.

현재 '-스탄'으로 끝나는 나라는 총 7개입니다. 이 나라들에는 어떤 특징이 있을까요? 하나씩 살펴보아요.

카자흐스탄 – 넓은 초원과 풍부한 자원

카자흐스탄은 세계에서 아홉 번째로 넓은 나라예요. 영토의 대부분이 드넓은 초원이라 예전부터 유목 생활을 하던 사람들이 많았어요. 현재는 석유와 천연가스 같은 자원이 많아 경제적으로 빠르게 성장하고 있어요. 수도는 아스타나(옛 이름: 누르술탄)로, 현대적인 건물이 가득한 멋진 도시랍니다.

우즈베키스탄 – 실크로드의 중심지

우즈베키스탄은 과거 실크로드의 중심이었던 나라예요. 사마르칸트, 부하라, 히바 같은 도시는 동서양의 무역로였고, 지금도 아름다운 이슬람 건축물과 유적들이 많아요. 역사와 전통이 살아 숨 쉬는 매력적인 나라예요.

투르크메니스탄 – 사막과 천연가스의 나라

투르크메니스탄의 영토는 대부분 사막으로 이루어져 있어 매우 건조한 기후를 가지고 있어요. 천연가스가 아주 풍부해서, 나라 경제의 핵심 자원이 되고 있어요.

키르기스스탄 – 초원과 산이 많은 유목의 나라

키르기스스탄은 나라 대부분이 높은 산으로 둘러싸여 있어요. 알라투산맥, 톈산산맥 같은 웅장한 산들이 많고, 자연경관이 매우 아름답답니다. 지금도 유목 생활을 이어가며 전통을 간직하고 있어요.

타지키스탄 – '세계의 지붕' 아래 살아가는 사람들

타지키스탄은 대부분이 산지로, 사람들이 주로 농업과 양봉을 하며 살아가요. 특히 파미르산맥은 세계에서 가장 높은 산맥 중 하나로 '세계의 지붕'이라 불리기도 해요.

아프가니스탄 – 오랜 역사와 다양한 문화의 나라

아프가니스탄은 중앙아시아와 남아시아 사이에 위치해 예전 실크로드가 지나던 지역이에요. 여러 나라들의 침략과 전쟁을 겪으며 아픈 역사를 가지고 있지만, 다양한 민족이 함께 살아온 덕분에 매우 풍부한 문화와 전통을 가지고 있어요.

파키스탄 – 이슬람 전통과 자연이 어우러진 나라

파키스탄은 1947년, 인도로부터 분리되어 독립한 이슬람 국가예요. 원래는 인도와 한 나라였지만, 힌두교와 이슬람교의 종교 차이로 나뉘게 되었어요. 이드 축제, 바이라트 축제 같은 이슬람 명절을 소중히 여기며, 아름다운 자연과 오랜 문화를 함께 간직하고 있어요.

바다가 없는 나라

우즈베키스탄에서 전학 온 12살 소년 알리는 한국 초등학교에 온 지 일주일이 되었어요. 친구들과 선생님은 모두 친절했고 학교생활에도 조금씩 적응해 가고 있었지만, 급식은 여전히 어려운 도전이었지요. 어느 날 급식으로 나온 메뉴는 새우튀김, 미역국, 생선구이였어요. 알리는 낯선 음식들에 당황했어요. 고기를 주로 먹는 우즈베키스탄과 달리, 해산물이 많았기 때문이에요. 미역은 처음 보는 식재료였고, 새우도 익숙하지 않았어요. 그제서야 알리는 "아, 우리나라엔 바다가 없었지" 하고 떠올렸어요.

내륙국이란 무엇일까요?

한국은 여름만 되면 바닷가로 휴가를 떠나는 문화가 있지만 어떤 나라 사람들은 태어나서 한 번도 바다를 본 적이 없을 수도 있어요. 그 이유는 바로 '내륙국'이기 때문이에요.

내륙국은 바다와 맞닿아 있지 않은 나라를 말해요. 아시아, 특히 중앙아시아에는 이런 나라들이 많아요. 대표적으로 카자흐스탄, 우즈베키스탄, 키르기스스탄, 타지키스탄, 투르크메니스탄이 있어요. 이 나라들은 유럽과 아시아의 중심부에 자리 잡고 있어요. 그중에서도 우즈베키스탄은 특

아시아의 내륙국

별한 내륙국이에요. 이웃하고 있는 나라들 모두 역시 내륙국이라 바다에 가려면 최소 두 나라를 지나야 하지요. 이런 나라를 이중 내륙국(double landlocked country)이라고 합니다.

바다가 없는 나라들은 어떤 특징을 갖고 있을까요?

① 해산물을 구하기 힘들어요.

아무래도 바다를 접하고 있지 않으니 해산물이 귀하겠지요. 그래서 이런 나라들에서는 고기와 유제품을 많이 먹어요. 중앙아시아 사람들은 양고기, 소고기, 말고기를 즐겨 먹고 발효한 낙타 젖이나 말 젖으로 만든 '쿠미스'라는 전통 음료도 있어요.

② 바다를 통한 무역이 어려워요.

바다가 있는 나라는 배를 타고 물건을 실어 나르며 손쉽게 다른 나라와 물건을 사고팔 수 있어요. 하지만 바다가 없는 나라들은 바다로 바로 나 갈 수 없어서 주변 나라의 땅을 거쳐야만 물건을 보낼 수 있지요. 그래서 물건이 오가는 데 더 많은 시간과 돈이 들어요. 이런 이유로 내륙국에서 는 물건을 육로로 빠르게 옮길 수 있도록 철도와 도로가 발달했어요.

③ 사막과 초원이 많아요.

중앙아시아 내륙국들은 대부분 기후가 건조해서 사막과 초원이 넓게 펼 쳐져 있어요. 그래서 이 지역 사람들은 예전부터 말을 타고 다니며 유목 생활을 해 왔어요. 바다가 없기 때문에 강과 호수가 아주 중요한 역할을 해요.

④ 강과 호수가 중요해요.

바다가 없는 중앙아시아에서는 강과 호수가 매우 중요한 역할을 합니다. 한때 세계에서 네 번째로 큰 아랄해라는 거대한 호수가 있었지만, 1960 년대부터 진행된 대규모 관개 사업으로 인해 수량의 90% 이상이 줄어들 어 지금은 대부분 말라버렸어요. 아랄해는 무분별한 개발이 초래한 대표 적인 환경 재앙으로 여겨지고 있습니다.

⑤ 내륙국만의 특별한 문화가 있어요.

바다는 없지만 그들만의 멋진 자연과 문화가 있어요. 몽골과 카자흐스탄 에서는 광활한 초원에서 말을 타고 달리는 체험을 할 수 있고 우즈베키스 탄에는 실크로드의 옛도시들이 남아 있어서 아름다운 모스크와 궁전을 볼 수 있어요. 키르기스스탄에는 '이식쿨 호수'라는 바다처럼 넓은 호수가 있어서 사람들이 수영도 하고 휴가를 즐긴답니다.
이처럼 내륙국은 해안 국가와는 다른 특별한 삶의 방식을 가지고 있어요. 바다는 없지만, 그만큼 독특한 자연환경과 멋진 전통문화를 지닌 나라들 이랍니다.

도시는 어떻게 시작됐을까?

아주 오래전, 사람들은 나무 열매를 따먹거나 식물의 줄기, 뿌리를 캐서 먹는 채집 생활을 했어요. 맹수의 공격을 피하고 먹을 것을 찾아 사람들이 자주 이동하며 살아갔지요.

그러다 도구를 만들고 불을 사용할 수 있게 되면서 사람들은 사냥을 하기 시작했어요. 하지만 사냥도 채집처럼 늘 이동해야 했어요. 그래서 먹을 것이 많고 물고기가 있는 강 근처에 오래 머물곤 했습니다.

그런데 어느 날 사람들은 중요한 사실을 발견했어요. 바로 식물의 씨앗이 땅에 떨어지면 싹이 트고 자라 열매를 맺는다는 것이었어요. 이때부터 사

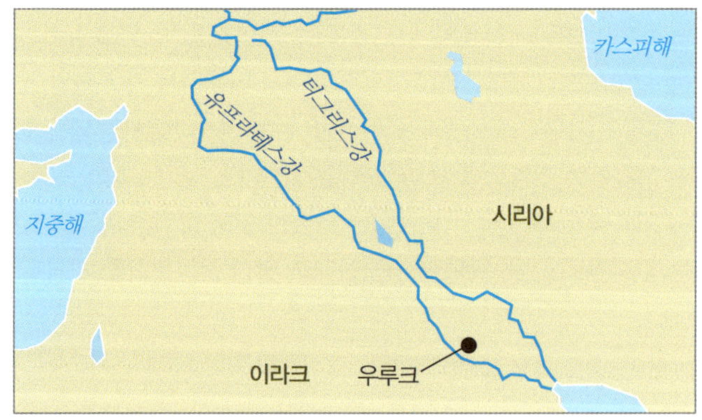

티그리스강과 유프라테스강, 우루크의 위치

람들은 작물을 재배하기 시작했고, 농사짓는 방법도 점점 알게 되었어요.

농사를 짓게 되면서 사람들은 더 이상 떠돌지 않고, 한곳에 정착하게 되었어요. 물이 풍부하고 땅이 기름진 곳을 찾아 살았지요. 그런 지역 중 하나가 바로 메소포타미아예요.

메소포타미아는 지금의 이라크와 시리아 일부 지역을 말하는데, 티그리스강과 유프라테스강이라는 큰 강 두 개 사이에 있어요. 이 두 강은 비가 많이 올 때 물이 넘치며 땅을 비옥하게 만들어 주었어요. 그래서 농사를 짓기에 정말 좋은 곳이었답니다.

처음엔 비가 오면 씨앗을 뿌렸지만, 사람들은 더 똑똑해졌어요. 긴 수로를 파서 강물을 끌어다가 밭에 물을 주는 방법을 생각해 냈어요. 이런 농사법을 '관개농업'이라고 해요. 관개농업은 혼자서는 할 수 없고 많은 사람들이 함께 일해야 했어요. 그래서 사람들은 한곳에 모여 살게 되었고, 작은 마을이 만들어졌어요. 마을은 점점 더 커져서 도시가 되었답니다. 이렇게 생긴 도시 중 하나가 바로 '우루크(Uruk)'예요. 우루크는 세계에서 가장 오래된 도시 중 하나인데, 특별한 점 세 가지가 있어요.

❶ 문자를 사용했어요.

우루크 사람들은 젖은 점토판에 도구를 이용해서 글자를 새겼는데 이게 바로 세계 최초의 문자 중 하나인 쐐기문자예요. 쐐기문자는 글자 모습이 마치 쐐기 같다고 해서 붙여진 이름이에요. 농사와 관련된 기록이나 물건 거래 내용을 적는 데 사용했어요.

우루크에는 '지구라트'라고 불리는 계단식 신전이 있었어요. 사람들은 이 곳에서 신에게 제사를 지내며 종교 생활을 했어요. 신전은 도시에서 가장 높은 곳에 있었고 도시의 중심이었어요.

'눈에는 눈, 이에는 이'라는 말 들어본 적 있나요? 이 말은 함무라비 법전에서 나온 아주 유명한 문장이에요. 이 말은 누가 다른 사람에게 나쁜 짓을 하면 그만큼 똑같이 벌을 받아야 한다는 뜻이지요. 함무라비는 메소포타미아에 있었던 바빌로니아 왕국의 왕이었어요. 이 왕은 나라를 잘 다스리기 위해 법전을 만들었는데 그 법전의 이름이 바로 함무라비 법전이에요. 이 법은 인류 역사상 가장 오래된 법 중 하나예요.

이처럼 메소포타미아 지역은 사람들이 정착하고 도시를 만들며 문명을 시작한 곳이에요. 그래서 '문명의 요람(요람은 아기 침대란 뜻으로, 시작을 의미해요)'이라고 불리지요.

무슬림의 5가지 의무

이슬람교는 전 세계에서 두 번째로 많은 사람들이 믿는 종교입니다. 이슬람교를 믿는 사람을 '무슬림'이라고 해요. 무슬림은 '알라'라는 이름의 신을 믿어요.

이슬람교에서는 알라가 자신의 뜻을 특별한 사람들(예언자)을 통해 사람들에게 전한다고 믿어요. 이 예언자들 가운데 가장 마지막이자 가장 중요한 인물이 바로 무함마드예요. 기독교에 예수님, 불교에 부처님이 있듯, 이슬람교에서는 무함마드를 매우 소중하게 여긴답니다. 이슬람교에는 『코란』(또는 꾸란)이라는 아주 중요한 책이 있어요. 이 책은 무함마드가 예언자가 된 뒤 알라로부터 받은 말씀을 기록한 것이에요. 『코란』에는 무슬림이 어떻게 살아야 하는지, 어떤 마음을 가져야 하는지에 대한 가르침이 담겨 있습니다.

무슬림에게는 이 가르침을 따르기 위해 꼭 지켜야 할 다섯 가지 중요한 약속이 있어요. 이것을 '이슬람의 다섯 기둥'이라고 불러요. 왜 기둥이라는 이름이 붙었을까요? 기둥이 건물을 튼튼하게 지탱하듯, 이 다섯 가지 약속은 무슬림의 삶을 든든하게 지탱해 주는 기본이기 때문이에요. 그럼, 무슬림들이 매일 그리고 평생 동안 소중히 여기는 다섯 가지 약속을 함께 살펴봅시다.

첫 번째 기둥은 샤하다(신앙 고백)예요. 무슬림은 이렇게 믿고 말해요. "알라는 오직 한 분이며, 무함마드는 그분의 예언자입니다." 이 말은 "나는 알라만 믿고 무함마드를 따라 살겠습니다."라는 뜻이에요. 무슬림은 아침에 눈을 뜰 때나, 기도할 때 등 자주 신앙 고백을 해요.

두 번째 기둥은 살라(기도)예요. 무슬림은 하루에 5번 기도를 해요. 새벽, 점심, 오후, 저녁, 밤 이렇게 다섯 번 기도를 하지요. 기도할 때는 꼭 사우디아라비아에 있는 메카를 향해 기도해야 합니다. 메카는 카바 신전이 있는 곳이에요.

메카에 있는 카바 신전은 아브라함이 하느님을 숭배하기 위해서 세웠다고 해요. 무슬림들이 많이 모여 사는 마을에는 메카 방향을 알려주는 표지판도 있답니다.

사우디아라비아 서부에 있는 이슬람교 최고 성지 메카

세 번째 기둥은 사움(단식)이에요. 무슬림에게 라마단은 아주 특별한 한 달이에요. 이슬람 달력으로 9번째 달인 라마단 한 달 동안은 해가 떠 있는 동안 아무것도 먹거나 마시지 않아요. 물도 마시지 않고 심지어는 침도 삼키지 않는다고 해요. 그러나 해가 지면 해가 뜨기 전까지 음식을 먹을 수 있어요. 이때는 가족이나 친구들과 함께 풍성한 저녁식사를 나누어요. 단식을 하는 이유는 자신의 욕심은 줄이고 배고픈 사람들의 고통을 이해하기 위해서예요.

네 번째 기둥은 자카트(헌금)예요. 이슬람에서는 나눔을 매우 중요하게 생각해요. 그래서 자신이 번 돈이나 가진 재산의 일부를 가난한 사람들과 나눠요. 자카트는 해마다 한 번씩 꼭 해야 하는 종교적 의무예요. 자신이 1년간 번 돈의 2.5%를 무슬림의 가난한 사람들을 위해서 내야 해요. 이 돈은 도움이 필요한 이웃들을 위해 사용돼요. 무슬림은 자카트를 하면서 이런 마음을 가져요.

"알라께서 나에게 복을 주셨으니, 나도 다른 사람을 도와야 한다."

다섯 번째 기둥은 하지(메카 순례)예요. 무슬림이라면 평생에 한 번은 꼭 사우디아라비아의 메카로 성지 순례를 떠나야 해요. 물론 몸이 좋지 않거나 돈이 없는 사람들은 하지 않아도 괜찮아요. 그렇지만 무슬림이라면 모두 성지 순례를 떠나고 싶어 해요. 그래서 해마다 순례의 달이 되면 전 세계에서 모인 무슬림이 메카를 순례해요.

메카에는 앞서 소개한 카바 신전이 있어요. 기도할 때 항상 이 방향을 향하니, 메카는 모든 무슬림의 마음이 모이는 성스러운 장소예요. 메카에 도착한 사람들은 하얀 옷을 입고 성스러운 마음가짐으로 순례를 시작해요. 무

카바 신전은 사우디아라비아 메카에 있는 이슬람교의 성지예요.

슬림은 순례 중에 여러 가지 특별한 의식을 해요. 카바를 7바퀴 돌거나 머리카락을 밀거나, 아라파트산에서 기도하는 등 여러 의식을 통해서 자신을 돌아보고 죄를 용서 받아요.

이처럼 이슬람의 다섯 기둥은 무슬림의 삶에서 아주 중요한 약속이에요. 무슬림은 이 약속들을 지키며, 믿음과 행동이 하나 되는 삶을 살아가고 있습니다.

3교시

세계가 주목하는
동아시아, 동남아시아

1
몽골인들이 절대 하지 않는 것

끝없이 펼쳐진 초원, 그리고 유목민의 나라

몽골은 아시아의 한가운데에 있는 나라예요. 우리나라보다 땅은 훨씬 넓지만 바다가 없고, 인구는 우리나라의 약 20분의 1밖에 되지 않아요. 끝없이 펼쳐진 푸른 초원 위로 말들이 자유롭게 달리고, 사람들이 '게르'라고 불리는 이동식 천막집에서 살아가는 모습은 몽골을 대표하는 풍경이지요. 몽골 사람들은 오랜 세월 자연과 함께 살아 오며 자신들만의 특별한 문화와 예절을 지켜 왔어요.

아시아의 한가운데 있는 몽골

예전부터 몽골 사람들은 유목 생활을 해 왔어요. 계절에 따라 물과 풀이 있는 곳을 찾아 옮겨 다니며, 소, 양, 염소, 말, 낙타 같은 가축을 키우며 살아왔어요. 지금은 도시에서 사는 사람들도 많지만, 여전히 많은 사람들이 초원에서 게르를 짓고 전통적인 삶을 이어 가고 있어요. 땅이 건조하고 추워서 농사를 짓기 어려운 몽골에서는 주로 고기와 우유로 만든 음식을 많이 먹어요. 대표적인 음식으로는 짭짤한 우유차인 '수테차이'와 고기가 듬뿍 들어간 찐만두 '보즈'가 있어요.

몽골 사람들은 손님을 따뜻하게 맞이하는 것을 아주 중요하게 생각해요. 손님이 집에 오면 먼저 차나 음식을 정성껏 내놓고, 손님은 그것을 남기지 않고 깨끗하게 먹는 것이 예의예요. 이런 전통은 몽골 사람들이 손님을 반갑게 맞이하고 존중하는 마음을 잘 드러내요.

몽골에서 하면 안되는 행동들

몽골의 문화는 우리와 다른 점도 많아서, 잘 모르고 행동하다 보면 실수할 수도 있어요. 예를 들어, 게르에 들어갈 때는 절대 문지방을 밟으면 안 돼요. 몽골에서는 문지방을 영혼이 머무는 신성한 곳으로 여기기 때문에, 그 위를 밟는 것은 매우 무례한 행동이에요. 실수로 밟았더라도 "오치라레(죄송합니다)"라고 정중히 사과해야 해요.

또한 손가락질도 주의해야 해요. 우리나라에서도 무례하게 여겨지지만, 몽골에서는 더욱 조심해야 해요. 특히 사람이나 신성한 물건, 불을 손가락으로 직접 가리키면 큰 실례입니다. 몽골 사람들은 불을 아주 특별하게 생각해요. 불은 정화의 힘을 가진 존재라고 믿기 때문에, 불에 쓰레기를 버리거나 발로 차는 행동은 절대 해서는 안 돼요. 무엇인가를 가리킬 때는 손바닥을 펴서 전체 손으로 가리키는 것이 좋아요.

게르 안에서는 지켜야 할 예절이 더 많아요. 게르는 생각보다 공간이 좁고, 여러 사람이 함께 지내는 곳이에요. 어떤 게르에는 조상이나 신을 모시는 제단이 있기도 하지요. 그래서 게르 안에서는 다리를 쭉 뻗거나 큰 소리로 말하는 것은 실례가 될 수 있어요. 조용하고 바르게 앉아 있는 것이 예의랍니다.

또 한 가지, 몽골에서는 게르 안에서 휘파람을 불지 않아요. 휘파람을 불면 뱀이나 나쁜 벌레가 들어온다고 믿기 때문이에요. 그리고 몽골 사람들은 모자를 아주 소중하게 여겨요. 머리를 보호하는 모자는 몸에서 가장 중요한 부분을 지켜주는 물건으로 여기기 때문에, 다른 사람의 모자를 함부로 만지거나 떨어뜨리면 큰 실례입니다. 만약 실수로 모자를 떨어뜨렸다면, 정중히 사과해야 해요.

이처럼 몽골은 자연과 가까운 삶을 살아가며, 오랫동안 자신들만의 전통과 문화를 지켜오고 있는 나라예요. 만약 몽골을 여행하거나 몽골 친구를 만나게 된다면, 이런 문화와 예절을 알고 존중하는 것이 진짜 멋진 태도입니다. 낯선 문화일지라도 이해하려는 마음과 배려하는 태도는 어떤 나라에서든 소중하게 여겨지니까요.

유목 생활에 알맞게 만든 이동식 가옥 게르

일본에서 지진이 많이 일어나는 이유

"지진이 발생했습니다! 모두 안전한 곳으로 대피하세요!"

이런 안내 방송은 일본 사람들에게 아주 익숙해요. 왜냐하면 일본은 전 세계에서 지진이 가장 많이 일어나는 나라 중 하나거든요. 그런데 왜 일본에서는 그렇게 지진이 자주 일어날까요?

지진이 일어나는 이유를 먼저 알아볼게요. 우리가 사는 지구는 하나의 딱딱한 덩어리가 아니라, 마치 퍼즐처럼 여러 개의 '판(지각판)'으로 나뉘어 있어요. 이 지각판들은 아주 느리게, 우리가 느끼지도 못할 정도로 조금씩 움직이고 있어요. 그런데 이 판들이 서로 부딪히거나 밀고 당기다가, 오랫동안 쌓인 힘이 갑자기 '꽝!' 하고 터지면 바로 그때 지진이 생기는 거예요.

일본은 바로 이 지각판들이 네 개나 만나는 지점에 있어요. 태평양판, 북아메리카판, 유라시아판, 필리핀판이 서로 부딪히는 지역이 바로 일본이지요. 이처럼 여러 판이 겹치는 지역에서는 지진이 자주 발생할 수밖에 없어요.

일본은 '환태평양 지진대'에 포함돼 있어요. '환태평양'은 태평양을 둥글게 감싸고 있는 지역을 말하고, '지진대'는 지진이 자주 일어나는 지역이라는 뜻이에요. 그래서 '환태평양 지진대'는 지진이 많이 나는 태평양 둘레의 지

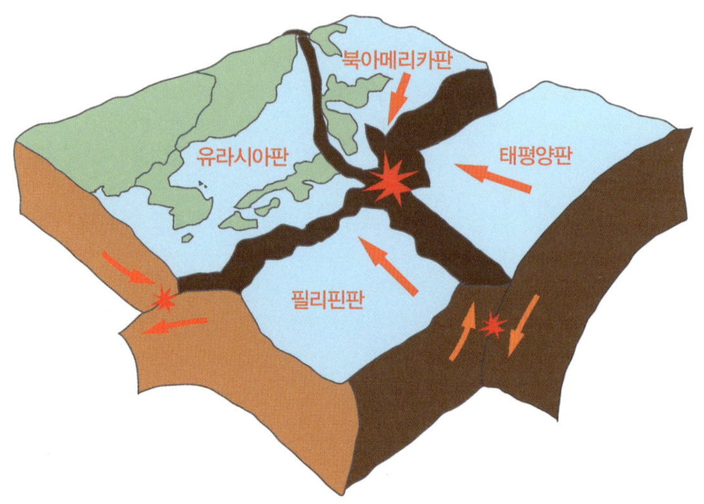

환태평양 지진대에 있는 일본은 지진이 자주 일어나요.

역들을 가리켜요. 일본 외에도 필리핀, 인도네시아, 뉴질랜드, 칠레, 미국 서부 등 여러 나라가 여기에 포함돼요.

예전에는 우리나라가 지진과는 거리가 멀다고 생각했어요. "우리는 지진 안전국이야!"라고 말했지요. 하지만 최근에 인식이 바뀌었어요. 경주와 포항에서 큰 지진이 일어난 적도 있고, 앞으로 더 큰 지진이 올 수도 있다는 연구도 있어요. 그래서 이제는 우리도 지진에 대해 잘 알고 대비해야 해요.

일본은 어떻게 지진에 대비할까요?

일본은 지진이 자주 일어나다 보니, 오랜 시간 동안 지진에 잘 대비하는 방법을 발전시켜 왔어요. 먼저 건물부터 달라요. 일본의 건물은 지진이 와도 쉽게 무너지지 않도록 아주 튼튼하게 지어요. 땅속 깊이 기초를 세우고, 흔들림을 줄여 주는 장치를 건물 아래에 설치해요. 그래서 지진이 나도 흔들림을 잘 견딜 수 있지요.

또한 일본의 학교에서는 지진 대피 훈련도 자주 해요. 책상 아래에 숨는 연습, 머리를 보호하는 방법, 운동장으로 빨리 대피하는 방법 등을 꾸준히 연습해요. 여러분도 학교에서 해 본 적 있지요? 이제 우리도 지진 안전지대가 아니기 때문에 이런 훈련을 더 열심히 해야 해요.

그리고 일본 사람들은 '지진 대비 가방'도 준비해 둬요. 손전등, 응급약, 음식, 물 같은 생존에 필요한 물건들을 가방에 넣어서 집에 보관하지요. 지진이 갑자기 일어나면 이 가방을 들고 바로 대피할 수 있게 준비하는 거예요. 지진은 예고 없이 찾아오지만, 우리가 미리 준비하면 피해를 줄일 수 있어요. 일본처럼 지진이 많은 나라에서는 오랜 경험을 바탕으로 대비 방법을 계속 발전시켜 왔어요. 우리도 지진을 두려워만 하지 말고, 대처법을 잘 배워 두면 안전하게 행동할 수 있어요. 준비된 사람은 어떤 상황에서도 침착하게 잘 대치할 수 있답니다!

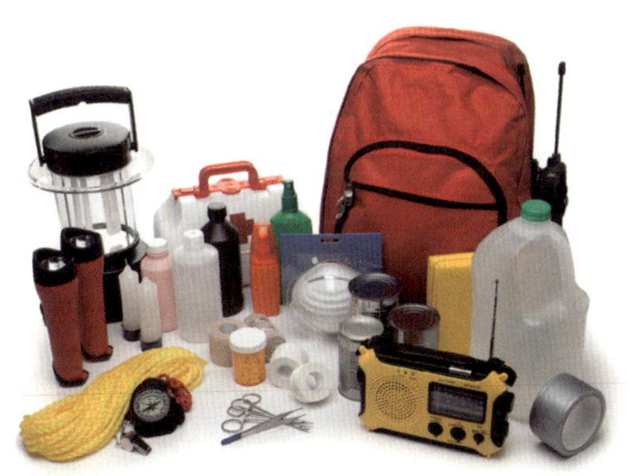

지진 대비 가방

'made in china'가 많은 이유

집에서 물건을 살펴보면 'made in china'라고 쓰인 것을 정말 많이 볼 수 있어요. 옷, 신발, 장난감까지 마치 모든 물건이 중국에서 만들어진 것 같지요. 왜 이렇게 많은 제품들이 중국에서 만들어지는 걸까요? 중국이 어떻게 세계의 공장이 되었는지 살펴봅시다.

땅이 넓고 인구가 많은 중국

중국은 세계에서 세 번째로 땅이 넓은 나라이고 인도와 함께 인구가 가장 많은 나라예요. 인구가 많다는 것은 일할 수 있는 사람, 즉 노동력도 많다는 뜻이지요. 공장에서 장난감을 만들려면 기계를 가동시키는 사람, 포장할 사람, 운반할 사람 등이 필요해요. 중국에는 일할 수 있는 사람이 많고 기업 입장에서는 높은 월급을 주지 않아도 일자리를 원하는 사람이 많기 때문에 일할 사람을 쉽게 구할 수 있어요. 그래서 인건비가 낮아요. 땅이 넓기 때문에 공장도 더 크고 넓게 만들 수 있지요.

바다와 강을 이용할 수 있는 좋은 위치

또 다른 이유로는 중국의 위치 덕분이에요. 지정학에서 위치는 아주 중요합니다. 중국은 동쪽에는 태평양을 끼고 있고 강도 많아서 물건을 배로 쉽게 실어 나를 수 있어요. 바다를 통해서 우리나라나 일본, 미국, 유럽 등 여러 나라에 물건을 보낼 수 있지요. 물건을 저렴한 가격으로 대량 생산할 수 있을뿐만 아니라 다른 나라에도 쉽고 빠르게 수출할 수 있기 때문에 많은 기업들이 중국에 공장을 만들어요.

특별한 경제구역, 경제특구

중국은 그럼 언제부터 세계의 공장이 될 수 있었을까요? 지금은 중국이 세계에서 물건을 가장 많이 만드는 나라이지만 옛날에는 그렇지 않았어요. 중국은 과거 계획 경제 방식으로 나라를 운영했습니다. '계획 경제'를 운영하는 국가에서는 정부가 기업에 어떤 것을 얼마큼 만들지 정해줘요. 공장, 가게 모두 개인이 운영하지 못하고 나라의 것이었지요. 국가가 모든 걸 관리하다 보니 점점 문제가 생겼어요. 물건도 부족하고 경제 발달이 느렸지요. 1976년 마오쩌둥이 사망하고 당 지도자였던 덩샤오핑이 권력을 쥐면서 1978년에 개혁 개방을 실시했어요. 그는 "검은 고양이든 흰 고양이든 쥐를 잘 잡는 고양이가 좋은 고양이다."라고 말했어요. 이 말은 경제를 발전시킬 수 있다면 공산주의든 자본주의든 방법이 달라도 괜찮다는 뜻이에요. 그는 시장 경제 체제를 조금씩 받아들이기 시작했어요. 그중 하나가 '경제특구'예요. 덩샤오핑은 중국 내 몇몇 지역에 경제특구를 만들었어요. 여기에서는 특별히 외국 기업이 들어와도 되고 세금도 낮춰 주는 등 경제 활성화를 위한 법과 제도가 적용됐어요. 중국 최초의 경제 특구 선전을 시작으로 주하이, 산터우 등 몇몇 곳에 경제 특구를 설치했고 세계 여러 나라

선전 푸톈 중심가의 밤

기업들이 몰려와 공장을 세웠어요. 공장을 세우자 사람들이 일자리를 찾아 모여들었고 도로, 건물, 학교 등 그 지역이 발전했어요. 요즘 중국은 물건을 많이 만드는 나라일 뿐만 아니라 물건을 많이 사는 나라로도 떠오르고 있어요. 사람이 많기 때문에 무슨 물건이든 수요가 많아요. 그래서 중국 안에서만 잘 팔려도 회사가 돈을 많이 벌 수 있답니다.

4 인도차이나반도의 이름 유래

"인도차이나반도? 인도랑 중국 사이에 있는 땅인가요?"

이런 질문이 떠오른 여러분, 정말 날카로운 질문이에요! 여러분이 생각한 것처럼, 인도차이나반도는 인도(India)와 차이나(China), 즉 중국 사이에 있는 땅을 의미해요. 하지만 이 이름은 단순히 지리적인 위치 때문에 지어진

인도차이나반도의 위치

건 아니에요. 이곳에는 역사와 문화가 담긴 특별한 이야기가 숨어 있어요. 인도차이나반도에는 미얀마, 태국, 라오스, 캄보디아, 베트남, 그리고 말레이시아 일부로 여섯 나라가 있어요. 이름에서 알 수 있듯이, 이 지역은 인도와 중국 사이에 있어서 두 나라의 영향을 모두 받았어요. 예를 들어, 인도에서 시작된 불교는 이 지역 곳곳으로 퍼졌고, 중국에서 전해진 한자 문화도 영향을 끼쳤지요.

프랑스가 붙인 이름, 인도차이나

그런데 '인도차이나'라는 이름을 붙인 건 이 지역에 살던 사람들이 아니라 유럽, 그중에서도 프랑스였어요. 1800년대 후반, 프랑스는 동남아시아에 관심을 갖고 이 지역에 영향력을 넓히려고 했습니다. 바로 그때, 베트남에서 프랑스 선교사들이 박해를 받는 사건이 일어나자, 프랑스는 그것을 구실로 삼아 1858년 베트남 다낭을 공격했어요.

몇 년 동안 이어진 전쟁 끝에 1862년, 베트남 응우옌 왕조는 프랑스와 '사이공 조약'을 맺고 남부 지역의 일부 땅을 프랑스에게 넘겨주었어요. 프랑스는 이 지역에 '코친차이나'라는 이름을 붙이고 본격적인 식민지로 삼았어요. 이어서 1863년에는 캄보디아에도 영향력을 넓히게 되었어요. 당시 캄보디아는 시암(지금의 태국)과 베트남 사이에서 어려운 상황에 놓여 있었고, 결국 노로돔 국왕이 프랑스에게 보호를 요청했어요. 그렇게 캄보디아는 프랑스의 보호국이 되었지요.

프랑스는 점점 북쪽으로 영향력을 넓히며 베트남 북부와 중부 지역까지 차지하려 했고, 이 과정에서 청나라(지금의 중국)와 충돌했어요. 1884년 프랑스와 청나라 사이에 전쟁이 일어났고, 결국 프랑스가 이겼어요. 두 나라는 '톈진 조약'을 맺고, 베트남 전역은 프랑스의 보호 아래 들어가게 되었습니다. 1893년에는 라오스도 프랑스의 식민지가 되었지요.

이렇게 해서 프랑스는 베트남, 캄보디아, 라오스를 모두 차지하게 되었고, 1887년에는 이 세 나라를 묶어 '프랑스령 인도차이나 연방'이라는 식민지 연합을 만들었어요. 프랑스는 이 지역에서 쌀, 고무, 광물 등을 많이 생산해 유럽으로 실어 나르며 경제적인 이익을 얻었어요. 하노이와 사이공을 잇는 철도를 만들고, 항구와 도로를 정비하는 등 여러 기반 시설도 세웠지만, 이런 개발은 현지 사람들을 위한 것이 아니라 프랑스가 더 쉽게 자원을 가져가기 위한 것이었어요.

현지 사람들은 이런 억압에 맞서 싸웠어요. 강제 노동에 시달렸고 프랑스 문화와 언어를 억지로 배워야 했지만, 끝까지 포기하지 않았어요. 마침내 1954년, 베트남 디엔비엔푸 전투에서 호치민이 이끄는 군대가 프랑스를 무찌르게 되었고, 프랑스는 인도차이나에서 철수하게 되었어요. 그 결과 베트남, 라오스, 캄보디아는 오랜 식민 지배에서 벗어나 독립을 이룰 수 있었습니다.

지금의 인도차이나 반도라는 이름은 주로 지리적인 구분을 위해 사용돼요. 이 지역은 예로부터 유럽, 인도, 중국, 동남아시아를 연결하는 교통과 무역의 중심지였어요. 그래서 많은 나라들이 이곳에 관심을 가졌고, 지금도 경제적·군사적으로 주목받는 중요한 지역이랍니다.

5

세계에서 섬이 가장 많은 나라

비행기를 타고 동남아시아의 바다 위를 지나가다 보면, 마치 바다 위에 점을 콕콕 찍어 놓은 것처럼 수천 개의 섬들이 펼쳐진 모습을 볼 수 있어요. 이곳은 세계에서 가장 많은 섬들이 모여 있는 지역으로, 바로 '말레이제도'예요. 말레이제도는 인도양과 태평양 사이에 위치해 있으며, 인도네시아, 필리핀, 브루나이 등 여러 나라를 포함해 25,000개가 넘는 섬으로 이루어져 있어요.

'말레이'라는 이름은 이 지역에서 오랫동안 살아온 민족과 그들의 언어, 문

섬이 가장 많은 지역, 말레이제도

화에서 따온 이름이에요. 이 지역에는 예전부터 말레이계 민족이 살고 있었어요. 이들은 섬과 섬을 오가며 서로 비슷한 언어와 문화를 나누며 살아왔지요. 그래서 이 지역을 지금까지 '말레이 제도'라고 부른답니다.

섬이 이렇게 많은 이유는 무엇일까요?

그런데 왜 이곳에는 이렇게 섬이 많을까요? 그 이유는 바로 '지각판 운동' 때문이에요. 지구의 바깥 껍질은 여러 개의 딱딱한 판, 즉 '지각판'으로 나뉘어 있어요. 이 지각판들은 아주 천천히 움직이면서 서로 부딪히거나 갈라지기도 해요. 이런 움직임은 땅을 흔들리게 하거나, 땅속 깊은 곳에서 화산이 폭발하게 만들어요.

화산 활동과 지진이 활발한 환태평양 불의 고리

말레이제도는 이런 지각판들이 만나는 곳에 있어서, 지진과 화산 활동이 매우 활발한 지역이에요. 그래서 말레이제도는 '환태평양 조산대'에 속해 있다고 해요. 이 조산대는 태평양을 둥글게 둘러싸고 있는 지역으로, 지진과 화산이 자주 일어나기 때문에 '불의 고리'라는 별명도 있어요. 말레이제도 근처에는 필리핀판, 태평양판, 인도판, 오스트레일리아판 같은 여러 판이 모여 있어서 서로 부딪히고 밀려 올라가면서 많은 섬이 생겨났어요. 지금도 이 지역에는 활동 중인 화산이 많아요. 예를 들어 필리핀의 타알 화산은 2020년에 폭발했고, 2021년에도 소규모 폭발이 있었어요.

화산이 폭발하고 지진이 자주 나는 것은 위험한 일이지만, 좋은 점도 있어요. 화산이 터지면 땅 위에 화산재가 쌓이는데, 이 화산재는 땅을 아주 비옥하게 만들어 줘요. 그래서 이 지역은 농사가 잘되고, 다양한 식물들이 자라기 좋아요.

나라별 특징은 무엇일까요?

이제 이 지역에 있는 나라들을 조금 더 자세히 알아볼까요? 인도네시아는 17,000개가 넘는 섬으로 이루어진 나라로, 세계에서 섬이 가장 많은 나라예요. 인구는 약 2억 8천만 명으로 세계에서 네 번째로 많고, 여러 민족과

필리핀의 타알 화산

언어를 가진 다양성이 풍부한 나라예요.

필리핀은 약 7,000개의 섬으로 이루어져 있어요. 섬이 많다 보니 지역마다 문화나 음식도 제각각이에요. 필리핀은 과거에 스페인과 미국의 식민지였기 때문에 유럽과 미국의 영향을 많이 받았어요. 그래서 아시아에 있는 나라임에도 불구하고 영어를 아주 많이 사용하는 나라예요. 실제로 영어를 쓰는 사람 수가 세계에서 세 번째로 많다고 해요. 하지만 공용어는 필리핀어(타갈로그어)예요. 겉보기에는 서양 문화의 흔적이 많지만, 음식이나 전통 문화, 사람들의 생김새를 보면 인도네시아나 말레이시아와 비슷한 점도 많아요.

그리고 말레이제도 북쪽에는 브루나이라는 아주 작은 나라가 있어요. 이 나라는 인도네시아의 보르네오섬 북쪽에 위치해 있는데, 과거에는 영향력 있는 말레이계 이슬람 왕국이었어요. 지금도 브루나이는 이슬람교를 믿고 있고, '술탄'이라고 불리는 왕이 나라를 다스리고 있어요. 언어는 말레이어를 사용하며, 문화도 말레이 전통을 많이 따르고 있어요. 브루나이는 석유가 많이 나는 나라여서 국민들이 비교적 부유하게 살고 있는 것으로도 유명해요.

말레이제도에 사는 사람들은 바다와 함께 살아가는 문화를 갖고 있어요. 해산물을 이용한 음식이 많고, 섬과 섬 사이를 잇는 배나 다리도 많아요. 이렇게 섬이 많기 때문에 각각의 섬마다 독특한 문화가 발전했어요. 하지만 동시에 바다를 통해 서로 교류하고 어울리는 문화도 잘 발달했지요. 말레이제도는 자연과 사람, 지질과 문화가 어우러진 아주 흥미로운 지역이에요.

소들의 천국 인도

인도는 '소들의 천국'이라고 불릴 정도로 소를 특별하게 생각해요. 소를 귀하게 여기는 문화는 인도의 종교와 관련이 있어요. 인도인들이 가장 많이 믿는 종교는 힌두교예요. 인구의 80%가 힌두교를 믿어요 힌두교는 언제부터 시작되었는지 정확히 알 수 없지만 기원전 1500년 무렵부터 생겨났다고 알려진 아주 오래된 종교입니다. 힌두교는 여러 신을 믿는 다신교예요. 힌두교의 대표적인 신은 브라흐마(창조의 신), 비슈누(세상의 질서를 유

힌두교 문화의 영향으로 인도에서는 소가 보호받으며 사람들과 함께 살아가요.

지하는 신), 시파(파괴와 재생의 신)예요. 이 신들의 가족과 화신(다른 모습으로 변한 신)들도 중요하게 여겨져요. 예를 들어, 비슈누의 화신인 크리슈나와 라마도 많은 힌두교인들이 사랑하는 신이지요. 힌두교는 인도인들의 삶에 많은 영향을 미쳤어요. 힌두교에서 중요한 개념 중 하나는 '윤회'예요. 사람은 끊임없이 태어나고 죽기를 반복한다고 믿어요. 지금은 내가 인간으로 태어났지만 다음 생에는 짐승으로 태어날 수 있어요. 이렇게 여러 생을 거쳐 다시 태어나는 과정에서 사람은 인생에서 쌓은 업에 의해 다음 생이 결정된다고 믿어요. 내가 지금 좋은 행동을 하면 다음 생에서 좋은 결과를 얻고 나쁜 행동을 하면 나쁜 결과가 온다고 믿지요. 그래서 많은 힌두교 신자들은 남을 해치지 않고 착하게 살기 위해 노력해요.

그리고 힌두교에서는 소를 아주 신성한 동물로 여겨요. 소는 오래전부터 농사를 짓는 데 꼭 필요한 동물이었어요. 소는 밭을 갈고 짐을 옮기고 우유까지 주니 인도 사람들에게 소는 매우 고마운 존재였지요. 소는 많은 것을 주지만 사람을 해치지 않기 때문에 소를 어머니와 같은 존재로 여겼어요. 힌두교에서 가장 유명한 신 중 하나인 크리슈나도 소를 돌보는 목동이었고 소를 아주 사랑했다고 전해져요. 이런 이야기 덕분에 소는 힌두교에서 더욱 특별한 존재가 되었어요. 한 마리의 소 안에는 3억 명 이상의 신이 존재한다고 믿기 때문에 소를 죽이거나 먹은 사람은 다음 생에 무조건 벌을 받게 된다고 믿어요. 힌두교에서는 가능하면 모든 생명을 해치지 않는 것이 좋다고 여기고 그중에서 특히 소고기는 먹지 않아요. 힌두교는 단순한 종교를 넘어 인도인들의 생활에 엄청난 영향을 미치고 있어요. 인도를 잘 이해하려면 힌두교를 먼저 꼭 알아야 한답니다.

7
인도네시아와 인도는 다른 나라일까?

'인도네시아'라는 이름을 처음 들으면, '인도'와 이름이 비슷해서 같은 나라
가 아닐까 착각할 수도 있어요. 어떤 친구들은 인도에서 떨어져 나온 나라
라고 생각할 수도 있지요. 하지만 사실, 인도네시아와 인도는 전혀 다른 나
라이며 지리적 위치도, 문화도, 역사도 크게 달라요. 그럼 왜 이렇게 이름

인도와 인도네시아

이 비슷하게 되었을까요? 이 이름에는 흥미로운 지정학적 이야기와 역사적인 이유가 숨어 있어요.

먼저 인도는 아시아 남쪽, 히말라야산맥 아래쪽에 위치한 커다란 대륙 국가예요. 반면 인도네시아는 동남아시아 바다 위에 있는 섬나라이지요. 무려 17,000개가 넘는 섬으로 이루어진 나라입니다. 인도네시아는 태평양과 인도양 사이에 있어서 오랜 시간 동안 아시아 여러 나라들과 바닷길을 통해 무역하며 성장해 왔어요.

그런데 왜 인도네시아의 이름에 '인도'가 들어가 있을까요? 그건 옛날 유럽 사람들이 이 지역을 탐험하던 시기와 관련 있어요. 유럽인들은 인도 근처의 섬 지역을 하나로 묶어서 '인도제도'라고 불렀어요. 그 뒤에 그리스어로 '섬'을 뜻하는 '네시아(nesia)'를 붙여 '인도네시아'라는 이름이 생긴 거예요. 그러니까 이름의 뜻만 보면 '인도 근처의 섬들'이라는 의미이지만, 실제로는 인도와 전혀 다른 나라예요.

인도와 인도네시아의 공통점은 없을까요?

두 나라 사이에는 역사적으로 이어지는 연결고리가 있어요. 오래전 인도에서 생겨난 힌두교와 불교는 바닷길을 통해 인도네시아로 퍼져나갔어요. 지금도 인도네시아의 발리섬에서는 많은 사람들이 힌두교를 믿고 있고, 자바섬에는 세계적으로 유명한 불교 유적인 '보로부두르 사원'이 남아 있어요. 이처럼 예전부터 인도와 인도네시아는 문화와 종교를 통해 서로 영향을 주고받았어요.

또한 두 나라는 지리적으로 동서 교통과 무역에서 매우 중요한 위치에 있어요. 인도는 아시아 대륙의 한가운데 있어서 유럽, 중동, 동남아시아를 이어주는 중심지예요. 그래서 예전부터 육로 무역이 활발했어요. 인도네시아는 섬나라이기 때문에 바닷길을 오가는 무역 중심지로서 역할을 했어요. 인도는 육지의 길목, 인도네시아는 바다의 길목이라는 점에서 지정학적으로 중요한 나라들이라고 할 수 있어요.

인도네시아의 역사에 대해 알아보아요

인도네시아는 섬나라답게 오래전부터 바다와 함께 살아왔어요. 섬과 섬을 오가며 무역도 하고 문화를 나누었지요. 7세기 무렵에는 '스리위자야 왕국'이라는 해상 왕국이 등장해요. 이 왕국은 힌두교와 불교를 받아들이고, 바닷길을 통해 인도, 중국 등 여러 나라와 활발히 교류하면서 강해졌어요. 이때부터 인도네시아는 무역의 중심지로 주목받았어요.

13세기쯤에는 이슬람 상인들이 인도네시아에 도착하면서 이슬람교가 점점 퍼지기 시작했어요. 상인들은 향신료를 사고팔면서 종교도 함께 전했

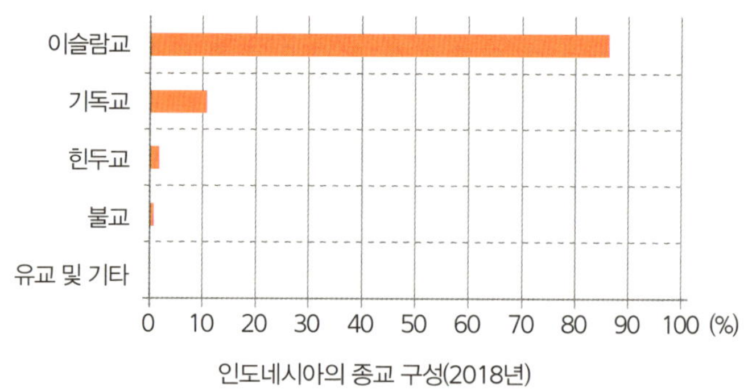

인도네시아의 종교 구성(2018년)

지요. 지금은 인도네시아가 세계에서 가장 많은 이슬람 인구를 가진 나라가 되었어요.

1500년대가 되자 유럽의 나라들이 인도네시아에 큰 관심을 가지게 됩니다. 그 이유는 바로 인도네시아에서 나는 귀한 향신료 때문이었어요. 정향, 육두구 같은 향신료는 유럽에서 아주 비싼 값에 팔렸어요. 그래서 포르투갈, 영국, 네덜란드 같은 나라들이 인도네시아를 차지하기 위해 경쟁했습니다. 결국 네덜란드가 이 지역을 차지하게 되었고, '네덜란드 동인도 회사'를 통해 무려 200년 넘게 인도네시아를 지배했어요.

하지만 인도네시아 사람들은 끈질기게 독립을 위해 싸웠고, 마침내 1949년 독립을 이루게 되었어요. 그 후 1950년에는 현재의 '인도네시아 공화국'이 생기게 되었어요. 지금의 인도네시아는 세계에서 인구가 네 번째로 많고, 경제도 빠르게 성장하고 있는 나라예요. 다양한 민족과 언어, 문화를 가진 다문화 사회이기도 하지요.

인도네시아 중부 자카르타의 전통 시장의 향신료

인도의 특징도 알아볼까요?

그렇다면 인도는 어떤 나라일까요? 인도는 최근에 중국을 넘어 세계에서 인구가 가장 많은 나라가 되었어요. 인구가 많다는 것은 그만큼 시장이 크고, 일할 수 있는 사람도 많다는 뜻입니다. 그래서 세계 여러 나라들이 인도와 경제적으로 협력하려고 해요. 인도는 힌두교, 불교, 자이나교 등 여러 종교가 시작된 나라이기도 하지요. 종교와 전통을 매우 소중히 여기는 문화가 있어요.

또한 인도는 기술과 우주 산업에서도 놀라운 발전을 이루고 있습니다. 인공위성을 쏘아올리고, IT 기업들이 빠르게 성장하고 있지요. 미래의 기술 강국으로 떠오르고 있는 나라예요.

이처럼 인도와 인도네시아는 이름은 비슷하지만 서로 아주 다른 역사와 문화를 가진 나라예요. 하지만 예전부터 이어져 온 문화 교류와 무역의 흔적을 보면, 이 두 나라가 단순히 멀리 떨어진 나라만은 아니라는 걸 알 수 있지요. 이름에 담긴 의미와 역사, 그리고 지도 속 위치를 함께 살펴보면 세상을 훨씬 더 깊이 이해할 수 있어요.

인도 하이데라바드시에 있는 첨단 산업 지역 하이테크 시티

4교시

지는 태양? 아니
뜨는 태양! 유럽

네 이름은 왜 '유럽'이야?

유럽이라는 이름의 유래

유럽이라는 이름은 어디에서 왔을까요? '유럽'이라는 단어는 그리스 신화에서 비롯되었다고 전해집니다. 그리스 신화에 따르면, '에우로페(Europe)'라는 페니키아(오늘날의 레바논) 출신의 공주가 있었어요. 어느날, 신들의 왕 제우스는 에우로페 공주를 보고 첫눈에 반했어요. 제우스는 그녀를 유인하기 위해 아름다운 하얀 황소로 변신했고, 호기심을 느낀 에

에게해에서 가장 큰 섬인 크레타섬

우로페는 황소 등에 올라탔어요. 그러자 황소는 그녀를 태운 채 바다를 건너 크레타섬으로 갔어요. 크레타섬에 도착한 에우로페는 제우스와의 사이에서 라다만티스, 미노스, 사르페돈이라는 세 아들을 낳았어요. 특히, 미노스는 훗날 크레타 문명을 이끈 왕이 되었습니다.

크레타섬은 에게해에서 가장 큰 섬으로, 온화한 지중해성 기후 덕분에 포도, 올리브, 치즈 등의 농업이 발달했어요. 고대 크레타 문명(미노스 문명)은 유럽에서 가장 오래된 청동기 문명 중 하나로, 유럽의 역사적 출발점으로 여겨지기도 해요. 이 때문에 에우로페의 이름이 대륙의 이름이 되었다는 설이 있어요.

하지만 '유럽'이라는 단어가 신화에서만 온 것은 아니에요. 일부 역사학자들은 유럽이라는 단어가 고대 페니키아어에서 유래했다고 주장합니다. 페니키아어에서 '에레브(Ereb)'는 '저녁' 또는 '해가 지는 곳'을 의미하는데, 페니키아인들이 살던 지역(오늘날의 레바논과 시리아)에서 보면, 해가 지는 방향이 바로 오늘날의 유럽 대륙이었어요. 이렇게 보면, 유럽이라는 이름은 신화적인 기원과 언어적인 기원이 함께 작용하여 만들어졌다고 할 수 있어요.

유럽의 지리적 범위

유럽의 총 면적은 약 1,018만km²로, 아시아, 아프리카, 북아메리카, 남아메리카, 남극 대륙보다 작지만, 오세아니아보다는 큰 대륙이예요. 지구 표면의 약 2%를 차지하고 있어요. 크기로만 보면 작은 대륙이지만, 유럽은 인구가 많고 역사적으로 중요한 역할을 해왔습니다.

그렇다면 유럽의 범위는 어디부터 어디까지일까요? 유럽은 동쪽의 우랄

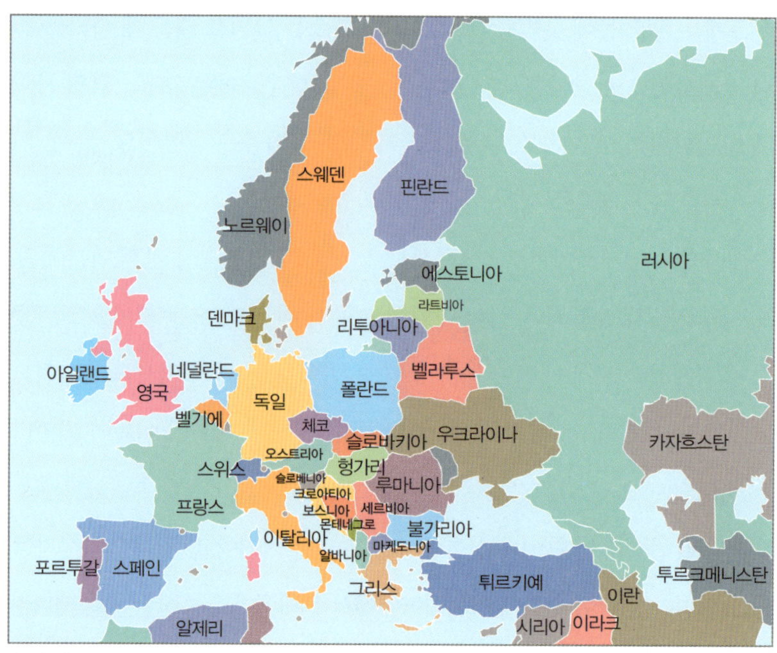

유럽 지도

산맥부터 서쪽의 대서양까지, 남쪽의 지중해부터 북쪽의 북극해까지 뻗어 있어요. 그런데 유럽은 옆 대륙 아시아와 붙어 있답니다. 그래서 어떤 나라가 유럽에 속하는지 아시아에 속하는지 명확하게 구분하기 어려운 경우도 있어요. 대표적으로 세계에서 가장 큰 나라 러시아는 영토의 일부가 유럽에 있고, 일부는 아시아에 있어요.

영국, 프랑스, 스페인, 이탈리아, 독일처럼 세계적으로 유명한 나라등 44개국이 유럽에 있답니다.

로마인들이 사랑한 바다, 아니 호수 지중해!

로마인들이 사랑한 바다, 지중해

로마인들이 열렬히 사랑했던 바다를 알고 있나요? 너무나도 사랑한 나머지, 그들은 이 바다에 '우리의 바다'라는 뜻의 "마레 노스트룸(Mare Nostrum)"이라는 별명을 붙였어요. 로마인이 말하는 이 바다는 바로 지중해예요. 지중해는 유럽, 아시아, 아프리카 사이에 있는 바다로 오래전부터 중요한 교통로이자 무역의 중심지였어요. 따라서 많은 나라가 지중해를 차지하려고 경쟁했지요.

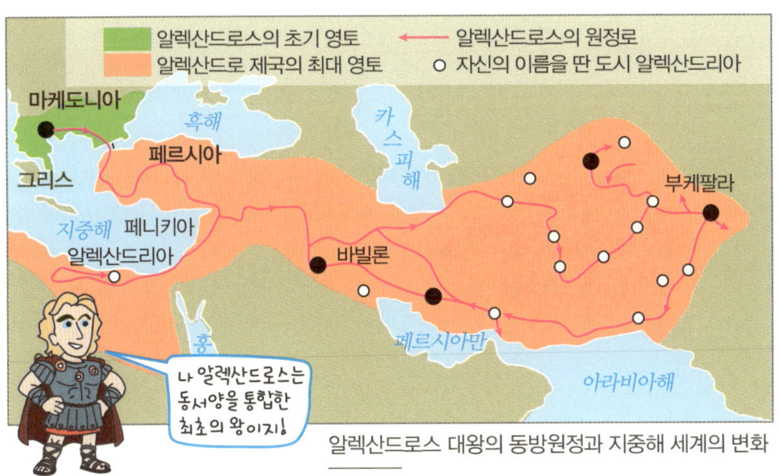

알렉산드로스 대왕의 동방원정과 지중해 세계의 변화

특히 그리스인들은 동지중해를 통해 올리브, 포도, 도자기 같은 상품을 교역했어요. 페니키아인들은 서부 지중해를 따라 주요 무역 도시를 세웠답니다. 대표적인 도시로는 카르타고(오늘날 튀니지 지역에 위치)가 있어요.

기원전 4세기, 알렉산드로스 대왕이 등장하면서 지중해의 주인이 또 한 번 바뀌었어요. 그는 마케도니아 왕국의 군대를 이끌고 동방 원정을 떠났고, 페르시아를 정복하며 동지중해와 중동을 하나의 제국으로 만들었어요. 알렉산드로스의 정복으로 그리스 문화가 지중해 전역에 퍼졌고, 이때를 헬레니즘 시대라고 불러요. 하지만 알렉산드로스가 사망한 후 그의 왕국은 여러 왕국으로 나뉘었고 왕국들은 동지중해를 놓고 다투기 시작했어요.

로마, 지중해를 지배하다

서지중해에서는 로마 공화정과 카르타고가 새로운 강자로 떠올랐어요. 두 나라는 포에니 전쟁이라고 불리는 세 번의 전쟁을 벌였는데, 최종적으로 로마가 승리했어요. 이 승리로 로마는 지중해의 패권을 완전히 장악할 수 있었지요. 그렇게 지중해를 완전히 장악한 로마 제국은 경제적으로 크게 번성했어요. 로마가 강력한 해군을 보유하고 있었기 때문에 가능한 일이었습니다.

로마가 가장 크게 번성하였을 때 로마 영토는 남쪽으로 이집트 남부 및 북아프리카 지중해 연안, 서쪽으로 이베리아반도(오늘날의 스페인·포르투갈)에서 동쪽으로 메소포타미아 지방(오늘날 이라크 지역)에 이르기까지 영토를 확장했어요. 지중해를 가운데에 두고 영토를 모두 차지한 형태였지요. 그래서 로마인들은 지중해를 자신의 바다로, 심지어는 자신의 영토로 둘

로마제국이 가장 번성하였을 때의 영토의 모습, 지중해를 둘러싸고 있음(117AD).

러싸인 호수처럼 여겼어요! 저 드넓은 바다가 호수처럼 느껴질 정도라니 로마 제국이 얼마나 번성했는지 알 수 있겠지요.

"모든 길은 로마로 통한다."라는 말 들어보았나요? 이 말은 고대 로마 제국이 여러 대륙의 도로망을 정비한 역사에서 유래된 말이에요. 로마 제국은 흙길이 아니라 돌을 깔아 견고하고 곧은 직선 도로를 만들기 시작했어요. 위의 지도에도 볼 수 있듯이 로마 제국은 아주 크고 넓어서 이 광대한 영토를 빠르게 오가려면 튼튼한 도로가 꼭 필요했어요. 하지만 로마의 도로는 단순히 나라와 나라를 연결하는 것에 그치지 않았어요. 도로를 따라 로마의 문화, 언어, 법률이 제국 전역으로 퍼져나갔거든요. 그중 일부는 오늘날 우리 생활에도 큰 영향을 미치고 있답니다.

대표적인 예시가 바로 1000을 뜻하는 라틴어 밀레(milie)입니다. 예전 로마

모든 길이 통하는 곳, 황금 이정표 밀리아리움 아우레움

에서는 밀리아리움 아우레움이라는 특별한 돌이 있었어요. 이 돌은 로마 포럼에 세워진 이정표로 '모든 길들이 통하는 중심'이라는 뜻을 가지고 있었습니다. 그래서 사람들은 이 돌을 황금 이정표라고 부르기도 했어요. 로마 사람들은 황금 이정표를 기준으로 1000걸음마다 돌을 세웠어요. 어디에 있든 이 돌을 발견하면 황금 이정표로부터 자신이 얼마나 떨어져 있는지 알 수 있었던 거예요. 이때 1000을 뜻하는 라틴어인 밀레는 오늘날의 밀리미터(mm, 1/1000m)나 밀레니엄(1000년)과 같은 단어에도 남아 있어요.

"모든 길은 로마로 통한다"는 말처럼, 로마는 길을 통해 세상을 하나로 잇고, 그 위에 자신들의 문명과 질서를 심어 갔어요. 이런 유산 덕분에 로마는 오늘날까지도 '영원한 제국'이라고 불리고 있습니다.

교황도 월급을 받나요?

교황이 사는 나라, 바티칸 시국

유럽에는 월급을 받지 않는 직업이 있다는 사실, 알고 있었나요? 바로 가톨릭 교회의 최고 지도자인 교황이에요. 교황은 단순한 직업이 아니라, 가톨릭 교회를 위해 헌신하는 자리예요. 책임이 크고, 본인의 의지만으로 쉽게 그만둘 수도 없어요.

그렇다면 월급을 받지 않는 교황은 어떻게 생활할까요? 교황은 바티칸 시국에서 모든 생활을 지원받아요. 교황 전용 자동차(포드 모빌)를 타고 이동하며, 경호를 받으며 생활해요. 공식적으로는 사도 궁전에 거주하지만, 때에 따라 다른 곳에 머물기도 합니다.

교황이 살고 있는 바티칸 시국은 세계에서 가장 작은 나라예요. 면적은 약 $0.44km^2$로 서울 경복궁의 1.3배 정도 크기이며, 인구는 약 800명밖에 되지 않아요. 바티칸 시국은 이탈리아 로마 안에 위치하고 있어요. 작지만 영토도 있고 국민도 있는 엄연한 나라랍니다. 이렇게 작은 나라는 어떻게 운영될까요?

바티칸은 일반 국가처럼 세금을 걷지 않아요. 바티칸에 사는 사람들은 대부분 성직자이거나 바티칸에서 일하는 사람들이고, 기업이 없기 때문에

기업세도 걷지 않아요. 대신, 전 세계 가톨릭 신자들의 헌금, 바티칸 박물
관 입장료, 기념품 판매 수익 등을 통해 운영됩니다. 바티칸 시국의 주요
재정원 중 하나는 바티칸 박물관의 입장료예요. 1000명도 안되는 사람이
사는 바티칸 시국에 매년 600만 명이 넘는 관광객이 바티칸 박물관을 찾
기 때문이지요.

박물관 관람 구역에는 시스티나 성당이 포함되어 있어, 미켈란젤로의 천
지창조와 제단벽화 최후의 심판을 볼 수 있어요. 또, 피나코테카(회화관)에
는 디에고 벨라스케스, 메리시 카라바조, 레오나르도 다 빈치 등의 작품이
전시되어 있으며, 고대 그리스·로마 조각과 이집트 유물도 소장하고 있어
요. 이뿐만 아니라 고대 그리스와 로마의 조각품, 이집트의 미라, 석상 등
다양한 고대의 유물들을 볼 수 있는 곳이기도 해요. 이처럼 바티칸 시국은
단순한 국가를 넘어 가톨릭 교회의 상징이자 가톨릭의 역사가 살아 숨쉬
는 곳이에요.

바티칸 시국

유럽을 꿰뚫은 제1의 종교, 가톨릭 이야기

가톨릭은 1세기 로마 제국에서 탄생했어요. 초기에 가톨릭을 믿는 사람들은 로마 정부로부터 박해를 받았어요. 당시 로마 사람들은 황제에게 충성을 맹세하는 것이 중요했어요. 하지만 가톨릭 신자들은 하느님 단 한 분을 섬겨야 한다고 믿었기 때문에 황제 숭배를 거부했고, 엄청난 탄압을 받았습니다. 그럼에도 가톨릭 신자의 수는 걷잡을 수 없이 늘어났고 313년 콘스탄티누스 대제가 가톨릭을 합법적인 종교로 인정하는 밀라노 칙령을 발표했어요. 이후 380년에는 테오도시우스 황제가 가톨릭을 로마의 국교로 선포하면서 가톨릭은 강력한 힘을 갖게 되었어요.

가톨릭 세력이 득세하면서 중세 시대 교황은 유럽에서 가장 강력한 지도자 중 한 명이 되었어요. 교회는 단순한 종교가 아니라 정치, 경제, 문화의 구심점이 되었지요. 심지어 교황이 한 나라의 왕을 임명하거나, 전쟁을 이끌기도 했답니다.

11세기 말, 교황 우르바누스 2세는 유럽의 기사들을 모아 십자군 전쟁(1096~1291년)을 시작했어요. 십자군 전쟁은 이슬람 세력이 차지한 성지 예루살렘을 되찾는 것이 목표였습니다. 하지만 약 200년이라는 긴 시간 동안 8차례에 걸쳐서 진행되었음에도 십자군 전쟁은 목표했던 예루살렘을 얻지 못하고 실패로 끝났어요. 이를 계기로 유럽의 왕과 귀족들은 교회의 권력으로부터 독립하고자 하는 움직임이 커졌어요.

특히 14~16세기에 이르면서 자신의 권력을 강화하려는 왕들의 움직임과 가톨릭 교회 세력의 부패가 맞물려 16세기 종교 개혁이 일어나면서 가톨릭의 권위는 땅에 떨어지기도 했어요. 종교 개혁으로 인해 가톨릭과 분리한 개신교가 탄생하기도 했답니다.

현재 가톨릭은 세계에서 가장 많은 신자를 보유한 종교 중 하나로, 10억 명이 넘는 사람들이 믿고 있어요. 바티칸 시국은 단순히 작은 나라가 아니라, 전 세계 가톨릭 신자들의 중심지 역할을 하고 있어요. 교황은 지금도 중요한 종교적, 사회적 문제에 대해 메시지를 전하며 세계 평화를 위해 노력하고 있어요. 역사적으로 수많은 변화를 겪었지만, 바티칸은 여전히 세계적으로 중요한 의미를 지닌 장소로 남아 있어요.

국가가 후원하는 해적이 있었다고?

세계는 넓고, 보물은 많았다!

해적 하면 여러분은 무엇이 떠오르나요? 보물을 가득 담아 바다를 가로지르는 커다란 배? 아니면 피터팬의 후크 선장? 해적 후크 선장은 무시무시한 갈고리 손을 가지고 있지만 현명한 피터팬에게 당하기만 하는 어리숙한 모습으로 많은 독자들에게 기억되고 있지요. 하지만 실제 해적은 후크 선장과는 비교도 안될 만큼 무서웠다고 합니다.

해적들은 대항해 시대(15~18세기)에 전 세계를 누비며 활발하게 활동했어요. 대항해 시대는 유럽의 많은 국가들이 신대륙을 발견하고 무역로를 개척하며 세계 곳곳에 식민지를 만들며 세력을 확장한 시대를 말해요. 주로 스페인, 포르투갈, 영국, 프랑스, 네덜란드 등의 나라가 아시아, 아프리카, 아메리카 대륙으로 진출하여 새로운 시장을 개척했어요.

당시 유럽에서는 중국의 도자기, 비단, 인도의 향신료 등이 매우 큰 인기를 끌었어요. 그런데 1453년 오스만 제국이 콘스탄티노플을 함락하며 동지중해 육상 무역로를 장악하자, 유럽 국가들은 바닷길을 통한 새로운 무역로 개척에 나섰어요. 따라서 유럽의 많은 국가들은 바다를 통해 무역로를 찾고자 했습니다. 나침반이 널리 사용되고 배 제작 기술이 발전하면서 카

보아 에스페란사 카라벨호의 복제품(좌)과 골든 하인드(Golden Hind) 범선의 복제품(우)

라벨과 갤리온과 같은 멀리 항해할 수 있는 범선이 개발되었어요.

이로 인해 1488년 포르투갈의 바르톨로메우 디아스는 아프리카 최남단 희망봉을 발견하고, 바스쿠 다가마는 1498년 유럽에서 인도로 가는 해상 무역로를 개척하였어요. 포르투갈의 성공을 보고 스페인 역시 무역로 개척을 위해 1492년 크리스토퍼 콜럼버스를 특파했는데 콜럼버스는 서쪽으로 향해를 지속하며 아메리카 대륙이 유럽에 알려지게 되었어요.

포르투갈과 스페인을 시작으로 17세기 네덜란드는 동인도 회사를 설립하여 일본, 아프리카, 인도네시아와 무역을 이어가기도 했어요. 영국과 프랑스도 인도와 북아메리카 대륙에 진출했어요.

해가 지지 않는 제국, 대영 제국

이러한 대항해 시대의 흐름 속에서 영국은 점차 해상 강국으로 성장하며 대영제국(British Empire)이라는 세계적인 제국을 세우게 되었어요. 처음에는 후발주자였던 영국이었지만, 16세기 후반 스페인의 무적함대를 격파한 이후부터 본격적으로 해상 진출을 시작했어요. 17세기에는 북아메리카 동부 지역과 인도, 아프리카 등에 식민지를 세우며 영향력을 넓혀 갔고, 산업혁명을 통해 경제력을 키운 19세기에는 "해가 지지 않는 제국"이라고 불릴 정도로 광대한 영토를 지닌 나라가 되었어요. 대영 제국은 대항해 시대가 남긴 해상 탐험과 무역의 전통을 바탕으로 세계 곳곳에서 자원을 확보하고, 세계사에 큰 영향을 끼치게 되었답니다.

이와 같은 강대국의 대항해 시대는 세계의 무역을 활성화시키고 세계 대

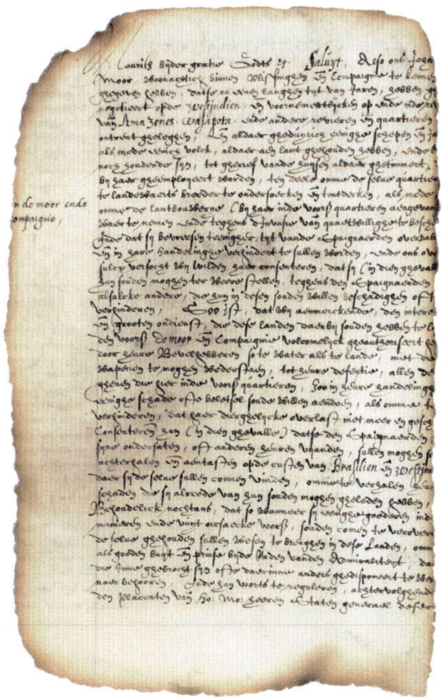

한 배의 선장에게 주어진 사략 허가장

륙 간의 문명을 교류할 수 있게 했으며, 해양 무역에 필요한 다양한 기술이 발전되었다는 의의가 있어요. 하지만, 강대국들은 아즈텍과 잉카 문명, 아메리카 대륙 등을 정복하며 수많은 원주민들을 죽이고 그들의 영토를 식민지로 삼기도 했어요. 이뿐만 아니라 아프리카의 사람들을 노예로 차출하여 많은 아프리카 사람들을 고통 속에 몰아넣기도 했지요.

유럽 국가들이 신대륙을 개척하며 무역로를 확장할 때, 이 틈을 타 바다의 제왕을 노린 것이 바로 해적이에요. 해적들은 상선을 공격해서 선박의 금, 향신료 등을 약탈했어요. 그런데 이런 약탈을 국가가 공식적으로 허락하는 경우도 있었는데, 바로 '사략 허가장'을 통해서였어요.

이 문서는 전쟁 중 민간 선박이 적국의 배를 공격하고 약탈할 수 있도록 허락하는 일종의 합법적 해적 행위 허가증이었어요. 이를 받은 선박은 사략선이라고 불렸고, 이들은 국가의 이익을 위해 해적처럼 활동하면서도 법적으로 보호를 받을 수 있었답니다.

5
나폴레옹은 정말 키가 작았을까?

나폴레옹의 키에 숨겨진 비밀

나폴레옹은 유럽 역사에서 아주 중요한 인물이에요. 그는 프랑스 혁명 후 혼란스러웠던 프랑스를 안정시키고, 유럽을 정복한 황제였어요. 그런데 많은 사람들이 '나폴레옹은 키가 작았다'고 알고 있어요. 정말 그럴까요?

사실 나폴레옹의 키는 당시 평균 키와 비슷했어요. 그는 약 168cm로, 당시 프랑스 남성 평균 키와 크게 차이 나지 않았어요. 오히려 평균보다 약간 더 큰 편이였지요. 그런데 왜 키가 작다는 이야기가 나왔을까요?

당시 프랑스의 적대 국가였던 영국은 프랑스 최고 통치자인 나폴레옹을 조롱하기 위해 그를 '화내는 꼬마' 혹은 '못생긴 난쟁이'로 묘사하는 경우가 많았다고 해요. 뿐만 아니라 프랑스와 영국의 길이 단위의 차이가 키 작은 꼬맹이라는 풍자의 빌미를 제공했다고 합니다. 당시

자크 루이 다비드의 〈튀일리궁 서재에 있는 나폴레옹 황제〉 (1812)

프랑스의 단위는 피에(pied)와 푸스(pouce)를 영국은 피트와 인치를 사용했어요. 프랑스 단위로 따지자면, 나폴레옹의 키는 5피에 2푸스였는데 영국에서는 이를 5피트 2인치라고 착각한 것이지요! 어느 정도의 차이였냐고요? 5피에 2피스는 168cm 5피트 2인치는 157cm 정도이니 대략 10cm 정도나 깎인 셈이에요. 나폴레옹이 꽤나 억울할 듯 싶지요?

하지만 키보다 더 중요한 건, 나폴레옹이 유럽 역사에 얼마나 많은 영향을 주었느냐는 점이에요. 어떤 일들이 있었는지 함께 알아보아요.

유럽 역사를 뒤흔든 나폴레옹

나폴레옹은 프랑스 혁명 말기에 혜성처럼 프랑스에 나타났어요. 당시 프랑스는 정치적으로 불안한 시기였기 때문에 많은 사람들이 혼란을 겪고 있었지요. 이때 나폴레옹이 쿠데타를 일으키며 프랑스의 최고 지도자가 되었어요. 나폴레옹은 오스트리아, 프로이센, 러시아 등 당시 유럽의 여러 나라들과 전쟁을 치렀고, 뛰어난 전략과 전투 능력을 바탕으로 유럽의 대부분을 정복했어요. 전쟁을 통해 점령한 지역에 프랑스를 따르는 정부를 세우기도 했고, 계몽주의 원칙과 법치 제도, 시민권 확대를 도입했어요. 또, 오랜 세월 이어져 오던 신성로마제국을 해체하면서 유럽의 정치 지도를 크게 바꾸어 놓았어요. 즉, 나폴레옹은 단지 전쟁을 벌인 것에 그치지 않고, 그 전쟁으로 인해 유럽 사회에 여러 변화가 생기게 끔 만든 역사적인 인물이에요.

나폴레옹이 역사 속에서 어떤 인물이었는지에 대해서는 사람들의 의견이 다양해요. 어떤 사람들은 그가 유럽 사회를 크게 바꾸었다고 말하고, 어떤 사람들은 너무 많은 전쟁으로 고통을 남겼다고 말해요.

나폴레옹을 긍정적으로 보는 사람은 그가 혼란스러운 프랑스를 안정시키고, 새로운 법과 제도를 만들었다고 말해요. 특히 그가 만든 나폴레옹 법전은 사람들의 자유와 평등, 재산권 등을 규정하면서 근대 법의 기초가 되었지요. 또, 교육제도, 행정과 세금 제도 등도 개혁하면서 국가가 갖춰야 할 틀을 정비했다고 평가되기도 해요.

하지만 몇몇 사람들은 나폴레옹을 많은 전쟁을 일으킨 전쟁광이라고 평가하지요. 전쟁으로 인해 수많은 사람들이 목숨을 잃거나 고통을 겪었거든요. 나폴레옹은 유럽 곳곳을 정복하며 프랑스 중심의 질서를 만들려 했기 때문에, 지배받은 나라들에서는 큰 반감을 사기도 했지요.

또, 황제가 된 뒤에는 나라의 모든 권력을 혼자 가지려고 했어요. 이렇게 권력이 한 사람에게만 집중되면, 국민이 의견을 낼 수 없고 잘못된 결정을 누구도 막을 수 없게 되지요. 실제로 나폴레옹은 언론을 통제하고 반대 의견을 억압하며 자유와 민주주의를 약하게 만들었어요. 그래서 사람들은 그가 나라를 발전시킨 지도자이면서도 동시에 자유를 빼앗은 군주라고 평가하기도 한답니다.

강아지가 제1차 세계 대전을 승리로 이끌었다고?

복잡하게 얽힌 동맹 이야기: 제1차 세계 대전

제1차 세계 대전은 1914~1918년까지 약 4년 동안 이어진 전쟁이에요. 이 전쟁은 오스트리아의 황태자 부부가 세르비아 청년에 의해 암살당한 사건에서 시작됐어요. 하지만 이 작은 사건 하나만으로 전쟁이 일어난 건 아니에요. 당시 유럽은 여러 나라가 서로 동맹을 맺고 복잡하게 얽혀 있었기 때문에, 한 나라의 분쟁이 다른 나라로 금세 퍼져나갈 수밖에 없었어요.

그때 영국, 프랑스, 러시아는 '삼국 협상'이라는 이름으로 한편이 되었고, 독일, 오스트리아-헝가리, 이탈리아는 '삼국 동맹'을 이루고 있었어요. 이 두 동맹은 유럽의 패권을 두고 4년 동안 치열하게 싸웠어요. 전쟁은 점점 커져서 유럽을 넘어 전 세계로 확대되었고, 여러 나라가 전쟁에 끌려들게 되었지요.

이때까지 중립을 지키던 미국도 결국 전쟁에 참전하게 돼요. 중요한 계기는 두 가지였어요. 첫째, 1915년에 독일 잠수함이 영국 여객선 루시타니아호를 공격했는데, 그 배에는 미국 시민 128명이 타고 있었어요. 이 사건은 미국 국민들에게 큰 충격을 주었지요. 둘째는 1917년에 발생한 '치머만 전보 사건'이에요. 독일이 멕시코에게 "미국을 공격하면 전쟁이 끝난 후 땅

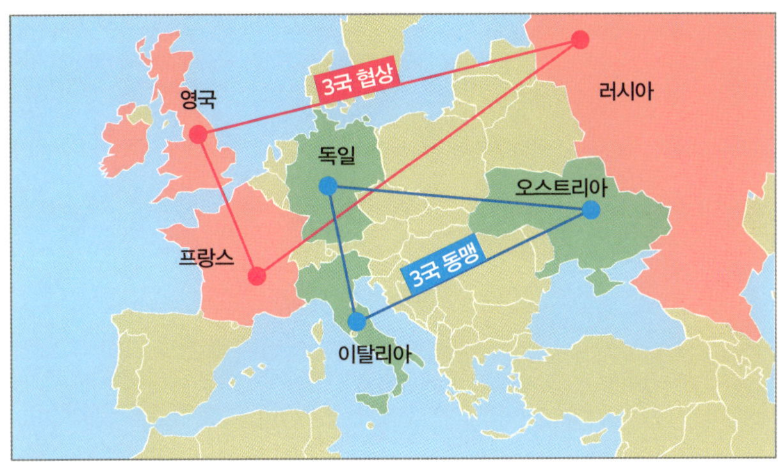

3국 동맹, 3국 협상

을 나눠주겠다"고 제안한 비밀 전보가 발각되면서, 미국은 독일에 강한 위협을 느끼게 되었어요. 여기에 독일의 우세한 잠수함 작전 재개가 겹치며, 결국 미국은 삼국 협상의 편에 서서 참전을 선언하게 된 거예요.

강아지 병장 스터비

이때, 유럽 땅을 밟은 특별한 존재가 있었어요. 장군도 아니고, 탱크도 아닌 바로 강아지 한 마리였어요!

어느 날, 전쟁 훈련을 받던 미국 군인들에게 유기견 한 마리가 다가왔어요. 원래 군대에서는 반려동물을 키울 수 없었지만, 낯선 땅에서 불안한 마음을 달래줄 강아지 한 마리는 병사들에게 큰 위로가 되었지요. 병사들은 강아지에게 스터비라는 이름을 지어 주고, 각종 훈련도 함께 시켰어요. 놀랍게도 스터비는 군인처럼 행동하며 훈련을 잘 따라 했어요.

전쟁 메달을 잔뜩 단 스터비

실제 전투에서도 스터비는 대단한 활약을 보여 줬어요. 병사들이 잠든 사이 독가스 냄새를 먼저 맡고 짖어서 병사들을 구한 적도 있고, 부상병을 찾아낸 적도 있었어요. 심지어는 독일군 스파이를 냄새로 구별해 낸 일화도 전해지고 있어요. 이런 활약 덕분에 스터비는 미군 역사상 유일하게 '병장' 계급을 받은 강아지가 되었어요. 기록에 따르면 1년 6개월 동안 무려 17번의 전투에 참여했다고 해요.

전쟁이 끝난 뒤 스터비는 미국에서 전국적인 영웅이 되었어요. 1921년에는 당시 미군 최고사령관인 존 퍼싱 장군이 스터비에게 금메달을 수여했어요. 스터비는 1926년에 세상을 떠났고, 지금은 스미소니언 국립 미국 역사박물관에 유해와 유품이 전시되어 있답니다.

하지만 스터비의 따뜻한 이야기와는 달리, 제1차 세계 대전은 인류에게 큰 상처를 남긴 전쟁이에요. 약 1천만 명 이상이 목숨을 잃었고, 탱크, 독가스, 비행기 같은 새로운 무기가 처음 사용되면서 피해는 그 이전의 전쟁보다 훨씬 더 심각했어요. 특히 참호전 같은 전투 방식은 전쟁을 더욱 길고 고통스럽게 만들었지요.

제1차 세계 대전은 단순한 싸움이 아니었어요. 동맹 관계, 제국주의 경쟁, 기술 발달, 지정학적 갈등이 한꺼번에 얽혀 있었던 국제적인 대참사였어요. 전쟁이 끝난 후 사람들은 다시는 이런 전쟁이 일어나지 않도록 국제 연맹을 만들었지만, 안타깝게도 또 다른 전쟁을 막기엔 부족했어요. 결국 20년 뒤, 인류는 더 큰 전쟁, 제2차 세계 대전을 겪게 되었답니다.

유럽연합에도 국가國歌가 있다고?

국가(國歌) 없는 국가

유럽연합(EU)에도 국가(國歌)가 있다는 사실, 알고 있었나요? 바로 베토벤의 교향곡 9번 마지막 악장, 흔히 '환희의 송가'라고 불리는 웅장한 선율이에요. 그런데 조금 이상하지 않나요? 국가라고 하면 대부분 가사를 따라 부르며 국기를 향해 경례하는 장면을 떠올리게 되지만, 이 유럽연합의 국가에는 가사가 없어요. 연주만 흘러나올 뿐이지요. 왜 그럴까요?

유럽연합은 글자 그대로 유럽에서 만들어진 연합체예요. 하나의 나라가 아니라, 여러 국가가 힘을 합쳐 만든 공동체지요. 언어, 문화, 역사, 종교가 모두 다른 구성원들이 하나의 공동체를 이루고 있는 만큼, 특정 국가의 언어나 정체성을 담은 곡을 선택할 수가 없었어요. 따라서 유럽연합은 가사가 없는 교향곡인 '환희의 송가'를 국가로 채택함으로써 언어 대신 음악으로 하나 됨을 상징하고자 한 거예요.

전쟁의 폐허 위에 세운 평화의 약속: 유럽연합

유럽연합은 언제, 왜 만들어졌을까요? 답을 찾으려면 우리는 1945년, 제2차 세계 대전이 끝난 유럽으로 시간을 되돌려야 해요. 두 차례나 세계 대전을 경험한 유럽은 말 그대로 폐허가 되었어요. 수많은 사상자가 생겼고, 살아남은 사람들은 삶의 터전까지 잃었지요. 따라서 전쟁이 끝난 후 몇몇 유럽 나라들은 평화를 위한 비책을 고민하기 시작했어요. 이러한 움직임의 첫걸음으로 유럽의 국가들은 유럽 석탄철강공동체를 만들었어요. 유럽 석탄철강공동체는 프랑스, 독일, 이탈리아, 벨기에, 네덜란드, 룩셈부르크 총 6개의 나라가 참여하여 전쟁에 꼭 필요한 자원인 석탄과 철강을 함께 관리하기로 약속한 거예요. 그렇게 유럽의 경제와 정치가 하나로 묶이기 시작했고, 이와 같은 연합체가 확대되어 지금 우리가 알고 있는 유럽연합 (EU)이 만들어졌습니다.

현재 유럽연합은 27개국이 참여하고 있어요. 회원국 중 일부는 유로화를 공동 화폐로 사용하고 있고, 셍겐 조약에 따라 여권 없이 국경을 넘나들 수 있답니다. 사람과 경제, 서비스와 정보 등 다양한 자원이 자유롭게 이동할 수 있도록 한 셈이지요.

하지만 모든 국가가 유럽연합에 긍정적인 것은 아니였어요. 영국은 1973년 유럽 경제 공동체에 가입했지만, 유로화를 채택하지 않았고, 지리적 특성과 국경 관리 정책을 이유로 셍겐 조약에도 참여하지 않았어요. 그래서일까요? 2016년 영국은 국민 투표를 통해 유럽연합 탈퇴 여부를 결정하기로 했어요. 많은 예상을 뒤엎고 51.9%의 찬성으로 탈퇴가 결정되었어요. 이 사건을 Britain(영국)과 Exit(탈퇴)를 합친 브렉시트(Brexit)라고 부르기도 해요. 이후 영국은 2020년 공식적으로 유럽연합을 탈퇴했답니다.

유럽연합은 단순한 경제 공동체가 아니에요. 전쟁을 다시는 반복하지 않겠다는 약속이 만든 역사상 가장 큰 평화 프로젝트예요. 영국처럼 탈퇴한

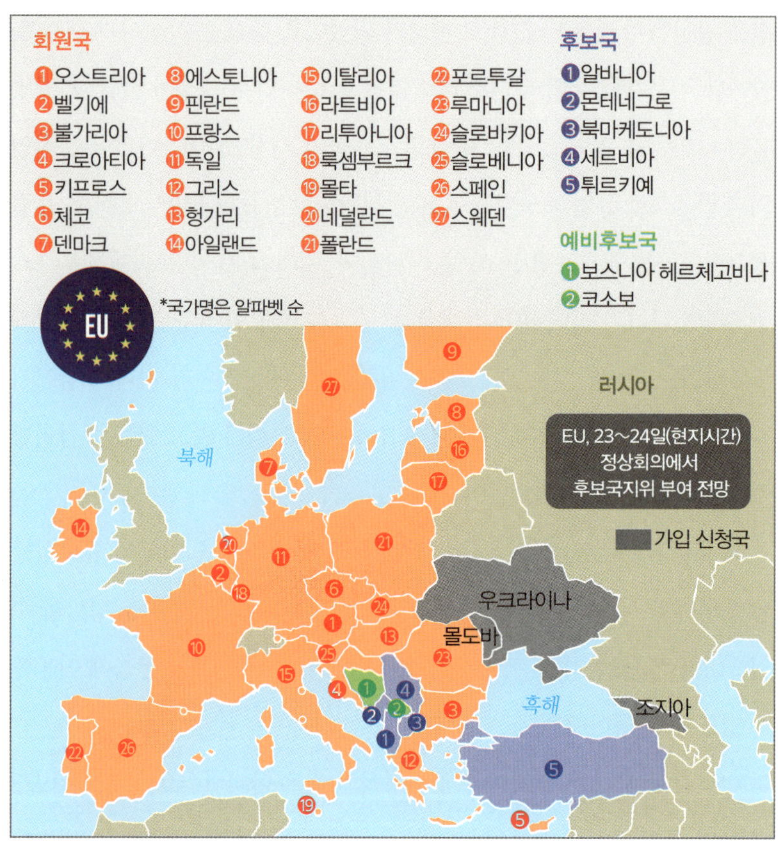

유럽연합에 포함된 국가들

나라도 있지만, 여전히 유럽연합은 평화와 연대, 다양성의 가치를 함께 지키기 위해 노력하는 조직이에요.

결국 유럽연합의 국가인 '환희의 송가'는 '평화롭게 협력하며 지내자.'라는 더 강력한 메시지가 담겨 있는 것이지요. 이제 환희의 송가가 단순한 클래식 음악이 아니라, 전쟁을 넘어 평화를 향해 나아가려는 사람들의 마음이 담긴 노래처럼 들리지 않나요?

희망찬 미래를 꿈꾸다!
아프리카

아프리카가 커요? 유럽이 커요?

아프리카는 왜 작아 보일까?

교실 뒷편에 걸린 세계지도를 보며, 대륙의 크기를 손으로 한 뼘, 두 뼘 재어 본 적이 있나요? 우리는 종종 세계지도를 보며 대륙의 크기를 가늠합니다. 아시아, 유럽, 아메리카 등 다양한 대륙이 지도 위에서 저마다의 위세를 뽐내고 있지요. 그런데 지도에서 아프리카는 왠지 작아 보여요. 실제로 많은 사람들이 아프리카가 아시아나 아메리카보다 작다고 생각합니다. 심지어 유럽보다도 작다고 느끼는 사람도 있지요.

하지만 정말 그럴까요? 사실 아프리카는 단일 대륙으로서는 지구에서 두 번째로 넓은 대륙이에요. 세계에서 가장 큰 나라라고 알려진 러시아의 두 배 가까운 면적을 자랑하고, 아프리카 한 나라에 불과한 콩고민주공화국의 크기만 해도 서유럽과 거의 맞먹는 규모입니다. 아프리카는 주변 섬을 포함해 약 3,040만km^{2}로, 지구 육지의 약 20%를 차지해요.

그런데 왜 우리가 평소에 보는 세계지도에서는 아프리카가 이렇게 작게 보일까요? 그 이유는 우리가 주로 접하는 세계지도가 메르카토르 도법으로 그려진 것이기 때문이에요. 메르카토르 도법은 둥근 지구를 적도를 중심으로 네모반듯하게 펼친 지도입니다. 이 방식에서는 적도에서 멀어질수

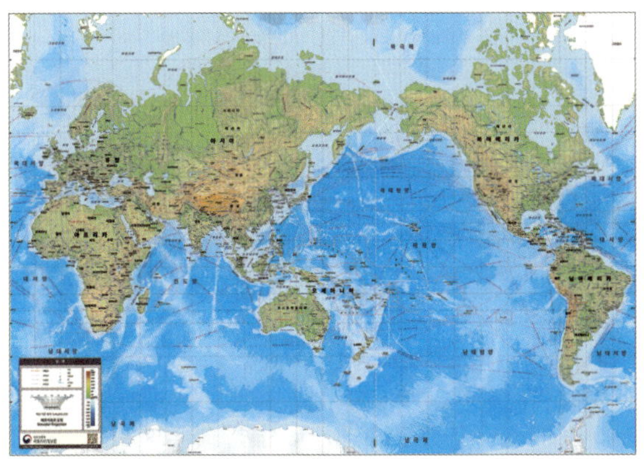

세계지도(메르카토르 도법)

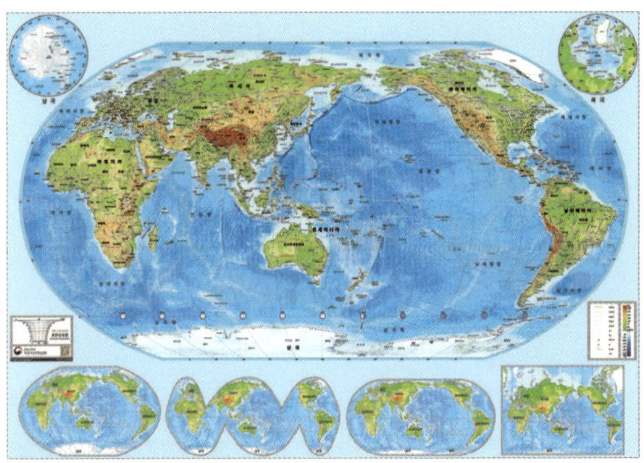

수정된 세계지도(로빈슨 도법)

록 대륙의 크기가 실제보다 훨씬 더 크게 왜곡되어 나타나지요. 그래서 북쪽의 유럽이나 북아메리카는 실제보다 크고, 적도 근처의 아프리카는 실제보다 작게 보이게 됩니다. 원래는 바다를 항해하는 데 편리하도록 만든 지도이지만, 오늘날에는 사람들이 대륙의 크기에 대해 잘못된 인상을 가지게 만드는 원인이 되기도 해요.

아프리카 대륙에 숨겨진 거대한 이야기

실제 아프리카는 끝없이 펼쳐진 대륙이에요. 아프리카에는 무려 54개의 국가가 모여 있으며, 각 나라에는 수백 개의 부족과 수많은 언어, 고유한 문화가 살아 숨 쉬고 있습니다. 인구도 매우 많아서 전 세계 인구의 16%를 차지하고 있어요. 이처럼 아프리카는 세계에서 가장 다양한 인종과 문화가 공존하는 대륙이라 할 수 있습니다.

북쪽에는 세계 최대의 사막인 사하라 사막이 있고, 남쪽에는 눈 덮인 킬리만자로산이 있어요. 인류 문명을 주름잡았던 나일강과 울창한 콩고 열대우림이 아프리카의 매력을 한껏 더해 줍니다.

사막·강·숲·산이 공존하는 아프리카의 다양한 자연환경

그중 동아프리카의 세렝게티 초원에서는 해마다 수천 마리의 얼룩말과 누떼가 물과 풀을 찾아 장거리 이동하는, 세계 최대 규모의 야생 동물 이동을 볼 수 있어요. 또한 아프리카는 '사자의 대륙'이라는 별명을 가지고 있을 만큼, 야생동물의 천국으로도 잘 알려져 있습니다. 사자, 코끼리, 기린, 하마, 치타, 코뿔소, 악어 등 대형 포유류들이 지금도 드넓은 자연 속에서 살아가고 있지요. 이런 풍부한 생태 덕분에 아프리카는 지구 생물다양성 보존의 중심지로, 세계적으로 중요한 국립공원과 보호구역이 많이 조성되어 있답니다.

아프리카를 떠올리면 '가난한 나라, 못 사는 나라, 전쟁, 기아, 식민 지배'와 같은 부정적인 이미지를 꼽는 사람들이 많아요. 물론 해결해야 할 문제들이 많은 것도 사실이지만 아프리카는 풍부한 자원, 세계에서 가장 젊은 인구 구조, 급속도로 발전하고 있는 도시들, 그리고 강한 문화적 정체성이 있는 대륙입니다.

아프리카는 젊은 인구, 풍부한 자원 그리고 급속도로 성장하는 도시들 덕분에 이제는 도움이 필요한 대륙이 아닌 새로운 기회의 땅으로 주목받고 있습니다. 지도에서는 작아보여도 그 어떤 나라보다 드넓은 희망을 품은 나라, 아프리카에 대해 알아봅시다.

지금도 변화하고 성장하는 아프리카를 보여 주는 탄자니아의 다르에스살람

아프리카에도 눈이 올까?

아프리카의 다양한 날씨

아프리카의 날씨를 떠올려 봅시다. 벌써부터 '더워'라는 단어가 머릿속을 가득 채울 것만 같지 않나요? 우리가 흔히 떠올리는 아프리카는 작열하는 태양 아래 펼쳐진 뜨거운 사막이나, 울창하고 습한 정글일 때가 많기 때문이에요. 그래서 많은 사람들은 '아프리카는 늘 덥다'고 생각하곤 하지요. 하지만 실제 아프리카는 드넓은 대륙의 크기가 반증하듯 기후와 지형이 매우 다양합니다.

아프리카 대륙의 중앙, 즉 적도 부근은 1년 내내 더운 열대 우림 기후예요. 덥고 습하며, 비도 자주 내리지요. 많은 사람들이 생각하는 아프리카의 전형적인 모습이에요. 그러나 그 위아래로는 완전히 다른 풍경이 펼쳐집니다. 예를 들어, 북부 아프리카의 사하라 사막은 낮에는 40도를 넘나들 만큼 뜨겁지만, 밤이 되면 기온이 급격히 떨어져 쌀쌀하거나 심지어 추운 날도 있어요. 남부 아프리카는 해발고도가 높은 지역이 많아 한여름에도 선선한 바람이 불고, 남아프리카공화국의 일부 지역은 유럽의 기후처럼 사계절이 비교적 뚜렷하게 나타나기도 합니다.

또한 동아프리카의 고원지대, 예를 들어 케냐의 수도 나이로비(해발 약

1,795m)는 한낮에는 따뜻하지만, 아침저녁으로는 소매가 긴 옷이 필요할 만큼 기온이 내려가는 날씨도 자주 나타납니다.

아프리카에도 눈이 올까요?

탄자니아와 케냐의 국경에 걸쳐 있는 킬리만자로산은 해발 5,895m로, 정상에는 1년 내내 눈과 얼음이 덮여 있는 만년설 지대가 형성되어 있어요. 아프리카의 고산 지역에서는 겨울철에 눈이 내리기도 합니다. 심지어 남아프리카의 일부 지역에는 눈썰매를 탈 수 있는 리조트가 운영될 만큼, '겨울의 아프리카'도 존재하는 셈이에요.

더 흥미로운 사실은 남아프리카공화국, 모잠비크, 마다가스카르처럼 남반구에 위치한 나라들은 12월부터 2월까지가 한여름입니다. 그래서 해변에서 수영복을 입고 크리스마스를 보내는 모습도 흔하게 볼 수 있어요. 수영복 입은 산타할아버지가 찾아오는 셈이지요.

그런데 요즘 아프리카에서는 조금 색다른 소식도 들려오고 있습니다. 바로, 사막에 홍수가 났다는 이야기랍니다. 매마른 아프리카에 홍수라니! 듣기만 해도 어색한 조합이지요? 이 현상의 범인은 다름 아닌 이상기후랍니다.

킬리만자로산

2024년 초, 아프리카 북서부의 사하라 사막 지역에서는 기록적인 폭우가 쏟아져 강과 호수가 넘치고, 모래언덕이 물에 잠기는 이례적인 장면이 펼쳐졌어요. 모로코 남동부는 세계에서 가장 건조한 지역 중 하나로, 여름 후반에는 비가 거의 내리지 않아요. 하지만 수도 라바트에서 남쪽으로 약 450km 떨어진 타구니트 마을에서는 24시간 동안 무려 100mm의 강우량이 기록되었습니다. 건조하고 비가 거의 오지 않는 것으로 유명한 사막이었지만, 기후 변화로 인해 극단적인 강우가 일어나면서 사막에도 물길이 열리고 마을이 침수되는 피해가 발생한 것이지요. 평소에 비가 잘 내리지 않으니 홍수 대비를 하지 않은 지역이여서 피해가 더 컸어요.

눈 내리는 산, 홍수가 나는 사막, 한여름의 크리스마스까지! 아프리카는 우리가 알던 모습이 아닌 새로운 모습을 보여 주고 있습니다. 변화하는 아프리카의 이야기는 이제 시작일지도 모릅니다.

홍수가 난 모로코 남동부 사막

천 개의 언덕 위에서 울린 비극의 메아리

아프리카의 국경선

겉보기에는 평화로워 보이는 초록 언덕들. 르완다는 '천 개 언덕의 나라'라는 별칭을 가진 아름다운 나라예요. 하지만 그 언덕 위에서, 1994년 단 100일 만에 80만 명이 넘는 사람들이 목숨을 잃은 비극이 벌어졌습니다. 단순히 민족 간의 갈등이 아니라, 아프리카 대륙의 인위적인 국경선이 불러온 깊은 상처를 보여 주는 대표적인 사례입니다.

르완다 더 사우전드 힐스 전경

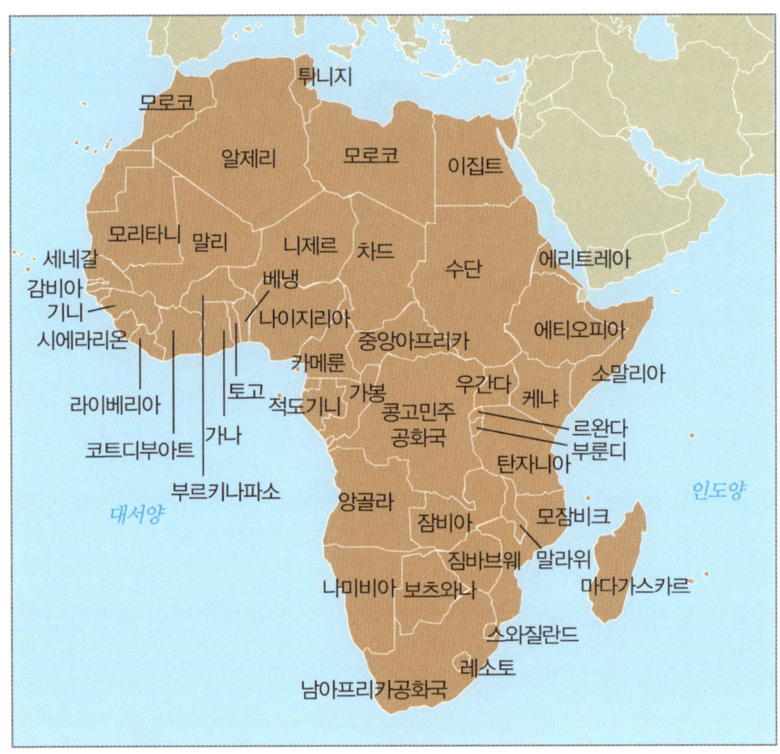

네모 반듯한 국경선의 아프리카 지도

세계지도를 다시 볼까요? 아프리카 대륙을 자세히 들여다보면 다른 대륙과는 확연히 다른 점이 하나 눈에 띄어요. 바로 국경선이 마치 자로 잰 듯 곧고 네모 반듯하다는 점이지요. 국경선은 나라와 나라 사이의 경계를 나누는 선입니다. 보통은 강이나 산맥, 사막 같은 자연 지형이나 오랜 시간 쌓여온 역사적 협상과 갈등의 결과로 만들어지기 마련이에요. 하지만 아프리카에서는 사정이 조금 달랐습니다.

19세기 말 유럽의 강대국들은 '아프리카 쟁탈전'이라는 이름으로 대륙을 침탈하기 시작했어요. 처음에는 향신료, 금, 철과 같은 자원에 관심을 보였지만, 결국 아프리카의 인적자원에 눈길을 돌리게 되었지요. 값싼 노동력을 원했던 유럽인들은 아프리카의 사람들을 노예로 삼기 시작했고, 식민지 지배의 야욕은 점점 커졌어요.

결국 1884년 독일의 재상 비스마르크가 주최한 베를린 회의에서 유럽 열강들은 아프리카 대륙을 나누기 시작했어요. 지도 위에 자를 대고 경도와 위도에 따라 국경선을 그었지요. 마치 케이크를 자르듯 선을 긋는 방식이었어요. 그 결과, 아프리카는 민족, 언어, 문화와는 상관없이 잘려 나가게 됩니다. 어떤 곳은 하나의 민족이 여러 나라로 흩어지고, 어떤 곳은 전혀 다른 민족들이 억지로 한 나라 안에 묶이게 되었어요.

선 하나로 갈라진 민족의 대표적인 사례가 바로 소말리족입니다. 원래 하나의 공동체였던 이들은 소말리아, 케냐, 에티오피아, 지부티 등 여러 나라에 나뉘어 살게 되었고, 지금까지도 독립운동과 무력 충돌이 반복되고 있지요. 국경선을 제대로 고려하지 않았던 식민 시대의 결정은 오늘날까지도 아프리카 각국에서 분쟁과 내전의 원인이 되고 있어요.

르완다 내전

르완다 내전은 아프리카 국경선 문제와 민족 갈등이 어떤 비극으로 이어질 수 있는지를 잘 보여 주는 사례입니다. 르완다는 벨기에에게 식민 지배를 받았던 중앙 아프리카의 작은 나라예요. 식민 지배 시절 벨기에는 소수인 투치족에게 행정권을 맡기고, 다수인 후투족을 그 아래 두는 방식으로 나라를 운영했지요.

하지만 1962년 독립 이후 후투족이 정치권력을 잡으면서 투치족은 점점 억압받게 되었고, 다른 나라로 망명한 투치족들은 '르완다 애국전선'이라는 무장 조직을 결성해 무력 충돌을 벌이게 됩니다. 이 와중에 1994년, 후투 극단주의 세력이 '투치족에게 복수한다'는 명분 아래 대량 학살을 자행합니다. 100일 동안 무려 80~100만 명 가까이 학살당하는 참극이었어요. 이후 전쟁은 이웃 나라 콩고민주공화국으로 번지며 1996~2003년까지 콩고 전쟁으로 이어졌고, 이 전쟁으로 인한 사망자 수는 무려 500만 명 이상에 달해요. 이 전쟁은 여러 나라가 함께 얽혀 있고, 많은 희생이 발생해서 세계대전에 비유되기도 해요.

아프리카의 국경선은 역사적 억압의 흔적이며, 자원 문제나 정치적 갈등 등 여러 원인과 함께 현재의 갈등에 영향을 주고 있어요. 하지만 희망이 없는 건 아니에요. 아프리카 각국은 지금도 갈등을 줄이고 협력하기 위해 아프리카 연합(AU)을 중심으로 다양한 노력을 기울이고 있습니다. 또한 민족 간 대화, 자치권 보장, 교육을 통한 갈등 완화 등 내부적 해결 방안을 찾으려는 시도도 계속되고 있어요.

르완다 집단학살 희생자들의 이름이 새겨진 추모 벽

4
아프리카에 숨겨진 검은 보석 이야기

아프리카의 숨겨진 검은 보석

동물의 낙원, 아프리카에는 검은 보석이 숨겨져 있다는 사실 알고 있나요? 이 검은 보석은 특이하게도 나무에서 햇살을 받으면서 자란다고 해요. 아프리카의 꽁꽁 숨겨진 검은 보석은 과연 무엇일까요? 이 검은 보석은 금이나 다이아몬드처럼 아프리카 사람들에게 많은 돈을 벌게 해 주는 중요한 보석이랍니다.

이 검은 보석의 정체가 무엇인지 알 것 같나요? 그렇습니다. 바로 커피입니다. 아프리카의 많은 나라에서는 커피를 많이 생산하고 있어요. 특히 에티오피아는 커피의 고향으로 불리는 나라예요. 에티오피아의 전설에 따르면, 목동 칼디가 염소들이 빨간 열매를 먹고 활발하게 뛰노는 걸 보고 커피를 발견했다고 해요. 이 빨간 열매가 바로 커피 체리이고, 그 안에 들어 있는 씨앗이 우리가 마시는 커피의 원두입니다. 염소 덕분에 많은 사람들이 커피의 고소하고 향긋한 맛을 느낄 수 있게 된 거지요.

에티오피아뿐만 아니라 케냐, 르완다, 우간다 등 다양한 아프리카 대륙의 나라들이 커피를 생산하고 있어요. 각 나라 안에서는 수많은 농민들이 소규모 농장을 운영하며 커피를 재배하고 있답니다. 국제커피기구(ICO,

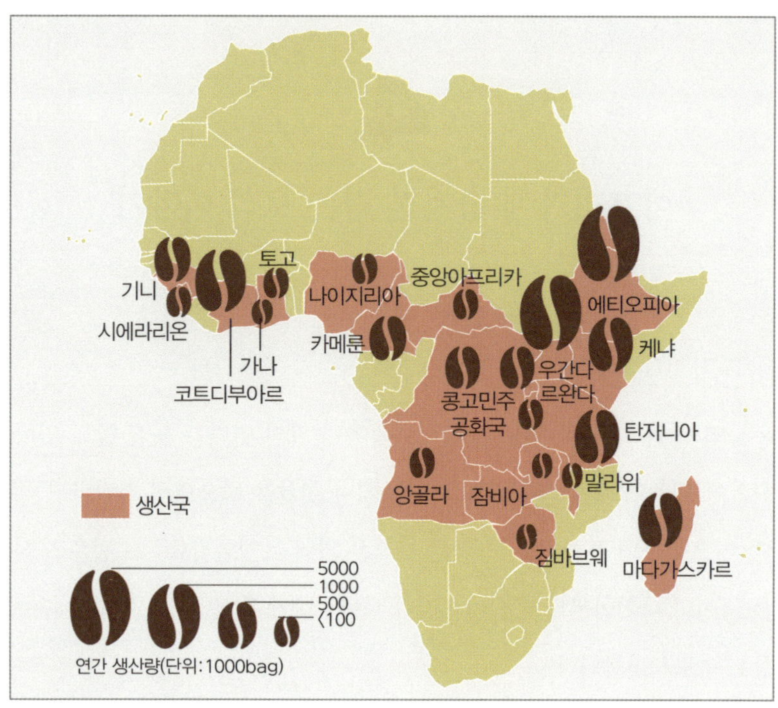

아프리카의 커피 생산국

2023년 기준)에 따르면 전 세계 커피 생산량의 약 11%의 커피가 아프리카 대륙에서 생산되고 있어요.

열대 고산이 빚어내는 특별한 커피의 향과 맛

커피는 따뜻한 햇빛과 적당한 비, 그리고 서늘한 밤공기를 좋아하는 식물이에요. 아프리카는 적도를 중심으로 한 고산지대가 많아 열대 고산 기후가 잘 형성되어 있어요. 낮에는 따뜻하고 밤에는 서늘한 이런 환경은 커피가 천천히 자라게 하여 풍부한 향과 맛을 만들어 주지요. 고도가 높을수록 커피는 천천히 익으며 더 진하고 복합적인 맛을 가지게 됩니다. 또한 킬리만자로산, 케냐산 등 화산 지대의 비옥한 화산 토양은 커피 나무가 튼튼하게 자라기에 매우 좋은 조건이에요. 이런 환경 덕분에 아프리카 커피는 유전자 다양성이 풍부하고, 전 세계에서도 독특하고 뛰어난 향미를 가진 커피로 평가받고 있습니다.

아프리카에서는 단순히 커피를 '기계적으로' 재배하는 게 아니에요. 수많은 소규모 농민들이 대를 이어 커피를 재배해요. 커피는 아프리카 농민들의 생계이자 자부심이에요.

분나 마플라트(커피 의식)라는 문화도 있어요. 직접 볶고 갈고 끓여내는 이 의식은, 커피가 단순한 음료가 아니라 사람을 이어주는 따뜻한 문화임을 보여 줘요. 아프리카는 세계의 커피 애호가들에게 가장 특별한 커피의 고향으로 여겨지고 있습니다.

에티오피아 전통 커피 의식

아프리카가 없으면 우리가 휴대폰을
쓸 수 없다고?

스마트폰 속 아프리카 자원, 콜탄

많은 사람들이 아침에 눈을 뜰 때부터 밤에 잠이 들 때 까지 손에 꼭 쥐고 있는 것이 하나 있어요. 가끔은 사랑하는 사람의 손 보다도 더 많이 잡고, 어쩌면 가족과 함께 밥 먹는 시간 보다 더 많은 시간을 함께하는 것이 스마트폰이지요. 그런데 이 스마트폰이 만들어지기까지 아프리카의 도움이 꼭 필요하다는 사실 알고 있었나요?

우리가 매일 사용하는 스마트폰 하나를 만들기 위해서는 무려 60종 이상의 광물이 필요해요. 그중 일부는 아주 희귀해서, 전 세계 몇몇 나라에서만 생산되지요.

스마트폰 안의 부품을 만들기 위해 꼭 필요한 자원이 바로 콜탄이에요. 콜탄은 컴퓨터나 자동차, 항공우주, 의료산업의 부품으로도 사용되는 중요한 자원이지요. 그런데 이 콜탄의 약 40~50% 정도가 아프리카 중앙에 있는 콩고민주공화국에서 생산돼요. 즉, 콩고민주공화국이 없다면 우리는 지금처럼 스마트폰을 마음껏 사용할 수 없게 되는 거예요.

스마트폰 속의 두 얼굴

이 콜탄을 얻기 위해 콩고민주공화국의 아이들은 끊임없이 노동착취에 시달리고 있어요. 콩고민주공화국의 어린이들은 자원 채굴을 위해 광산으로 가서 일을 하거나, 광산에서 일하는 동료를 감시하는 등의 일을 합니다. 이렇게 하루 종일 착취당한 아동의 하루 일당은 4천 원도 채 되지 않는다고 해요. 학교에 가서 공부를 하거나 마음껏 뛰어놀아야 할 아이들이 적은 돈을 벌기 위해 노동에 시달려야 하는 것이지요.

그렇다면 자원이 넘쳐나는 콩고민주공화국은 금방 부자가 되었을까요? 현실은 달랐습니다. 콩고민주공화국은 코발트 생산 세계 1위이며, 구리, 금, 다이아몬드 등 주요 광물도 풍부해요. 그래서 광물을 사이에 두고 이를 뺏기 위한 내전이 끊이지 않고 일어납니다. 서양과 주변 국가들은 콩고

콩고 민주 공화국 동부 북키부주 마시시 지역에 있는 루바야 콜탄 광산과 엄지손가락 크기의 콜탄조각

민주공화국의 내전에 참여한 대가로 돈이나 광물을 가져가는 등의 일들이 비일비재하게 일어나고 있지요.

게다가 콜탄이 많이 묻혀 있는 지역은 원래 고릴라와 침팬지들이 많이 살고 있는 주요 서식지였어요. 그런데 사람들은 콜탄을 얻기 위해 광산을 만들기 시작하며 숲은 마구 훼손되었지요. 이대로 가다간 콩고민주공화국에 고릴라가 곧 멸종될지도 몰라요.

그래서 일부 인권 단체에서는 휴대폰 이용자들이 기기를 바꿀 때 마다 콩고민주공화국의 국민 수십 명이 죽는다고 말하기도 해요. '피 서린 휴대폰(bloody mobile)'이라는 표현이 나올 정도지요.

네덜란드의 한 기업은 페어폰이라는 스마트폰을 선보였어요. 페어폰은 인권 침해를 최소화하고, 가능한 한 공정무역 원칙을 적용한 광물을 사용하여 제작한 스마트폰이에요. 공정하게 '제값'을 받고 생산된 원료만 사용한다는 것이지요. 그럼에도 아직도 여전히, 콩고민주공화국에서는 많은 사람들이 내전과 노동착취로 고통받고, 동식물들의 서식지가 파괴되고 있어요.

페어폰

혼자 가면 빨리 가고 함께 가면 멀리 가요, 공정무역

공정무역의 의미

아프리카에는 커피, 코코아, 차, 면화, 바나나 등 세계인이 즐겨 쓰고 먹는 농산물과 자원이 아주 많아요. 하지만 이런 작물을 재배하는 대부분의 사람들은 소규모 농민이에요. 아프리카 농민들은 제품을 아주 낮은 가격에 팔아야 하고, 가격이 조금만 떨어져도 하루 생계조차 유지하기 어려운 상황에 놓이곤 해요. 예를 들어, 우리가 커피 한 잔에 수천 원을 내지만, 그 커피를 재배한 아프리카 농민은 한 잔당 몇 백원도 받지 못하는 경우도 많답니다.

공정무역은 단순히 돈을 더 벌게 해 주는 것이 아니라, 생산자들이 자립하고 존엄하게 살아갈 수 있도록 도와주는 사회 운동이에요. 상품을 사고파는 과정에서 생산자에게 정당한 대가를 지불하고, 그들의 권리를 보호하는 무역 방식이지요. 일반 무역에서는 생산자가 받는 돈이 아주 적고, 중간 상인이나 대형 기업이 대부분의 이익을 가져가요. 반면 공정무역은 '생산자도 존중받아야 한다'는 생각에서 출발해요. 생산자의 노동, 기술, 삶을 소중하게 여기고, 제품의 가치를 공정하게 나누자는 것이지요.

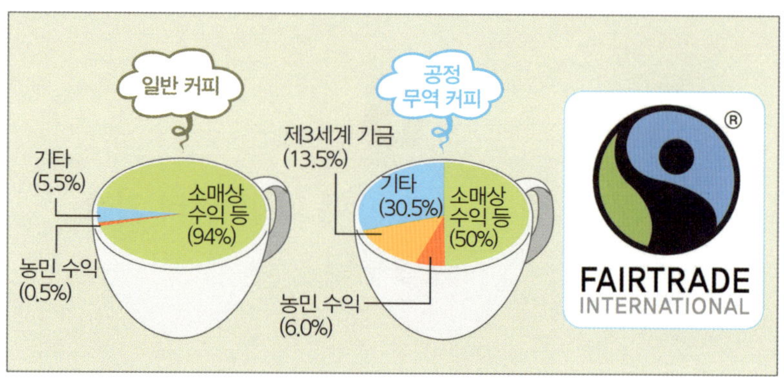

일반 커피와 공정 무역 커피의 이익 구조 비교, 공정 무역 마크

공정무역은 아프리카 농민들이 받을 수 있는 최소한의 몫을 보장해 줘요. 공정무역 인증 농민의 경우, 국제 커피 가격이 내려가도 일정 수준의 수익을 보장받을 수 있어요. 결국 공정 무역은 농민들이 존엄하게 살 수 있도록 돕는 정의로운 무역 방식이에요. 소비자에게는 착한 소비의 기회, 지역 사회에는 변화의 씨앗을 뿌리는 일이기도 해요.

공정무역이 만드는 변화와 지속가능한 미래

공정무역의 10대 원칙 중 하나는 기후 행동과 환경 보호예요. 공정무역으로 생산된 농산물은 화학약품 사용을 줄이고, 가능한 한 친환경적인 방식으로 재배돼요. 예를 들어 공정무역 커피나 코코아는 그늘에서 자라는 방식이나 해충을 잡아먹는 곤충을 활용한 자연 방제법 등을 통해 재배돼요. 이렇게 지속 가능한 농업을 실천함으로써 아프리카의 산림, 강, 토양을 보호할 수 있어요. 소비자도 친환경적이고 질 좋은 상품을 구매하게 되니, 일석이조가 아니라 일석삼조의 효과라고 할 수 있겠지요?

커피를 수확하는 여성들

특히 공정무역 커피는 아프리카 여성들의 인권을 실질적으로 향상시키는 데도 중요한 역할을 하고 있어요. 오랫동안 여성 농민들은 농사에 많은 노동을 들였지만, 생산과 조직 운영에서는 배제되어 적은 수입만 얻어야 했지요. 하지만 르완다의 '뷔샤자' 커피협동조합처럼 공정무역 시스템을 통해 여성이 생산과 조직 운영에 주체적으로 참여할 수 있게 되었어요. 공정무역으로 얻은 수익은 여성 농민들의 경제적 자립을 돕고, 가족과 지역 사회에서의 발언권을 높이는 기반이 되어 주었답니다.

또한 공정무역 커피는 르완다 여성들에게 국제적 네트워크와 시장 접근의 기회를 제공하며, 여성들의 역량이 세계적으로 인정받는 계기를 마련해 주었어요. 이는 전통적으로 남성 중심이던 농업 공동체에서 여성의 권리와 역할이 확장되는 큰 변화로 이어졌지요.

공정무역은 단순한 물건 거래가 아니라 사람을 존중하는 새로운 방식의 무역이에요. 우리가 공정무역 마크가 붙은 커피, 초콜릿, 바나나를 고를 때마다, 아프리카의 한 농민 가족에게는 더 나은 하루가 생기고, 여성들에게는 새로운 기회가 주어진답니다. 착한 소비 한 번이 멀리 있는 누군가의 삶을 바꾸는 씨앗이 될 수 있는 거지요.

6교시

아메리카를 움직이는 지도

대항해 시대의 보물찾기

15세기 유럽은 선박 건조 기술이 발전하며 배가 대형화 되고, 먼 거리를 항해할 수 있는 능력이 비약적으로 높아졌습니다. 십자군 전쟁 후반에 중국에서 유럽으로 전해진 것으로 알려진 나침반은 항해술 발전에 커다란 역할을 하게 되지요. 탐험가들을 통해 데이터가 축적되고, 지구가 둥글다는 과학적 증명이 확산되면서 유럽에서 대서양을 횡단하면 다시 원래의 위치로 돌아올 수 있다는 가설이 가능하다는 것을 증명하려는 탐험가들의 도전이 시작되는 시기였어요.

그러나 탐험가들에겐 자본이라는 어려운 문제가 하나 있습니다. 신항로 개척을 통한 무역으로 많은 돈을 벌고자 했던 탐험가들에게는 탐험에 필요한 배와 막대한 비용을 투자해 줄 자본가가 필요했지요. 대규모 선단을 꾸리고 장기간 항해하려는 초대형 프로젝트는 위험성이 지나치게 높아 일반 상인들의 힘으로는 부족했어요. 그래서 국가의 지원이 필요했지만 확신이 없는 사업에 쉽게 발을 넣으려는 나라는 없었어요. 당시 탐험가 중 한 사람이었던 콜럼버스는 여러 국왕들에게 자신의 계획을 설명했지만 선뜻 투자해 주는 나라가 없었어요. 그러던 중 스페인의 이사벨 1세를 설득하는 데 성공하면서 대항해 시대(Age of Exploration)의 포문을 열 새로운 전기를 마련해요.

1492년 스페인 국왕 페르난도 2세와 이사벨 1세의 적극적인 지원을 받아 서쪽으로 항해를 시작하게 된 콜럼버스는 세 척의 배로 대서양을 건너 신대륙에 첫 발을 내디뎠어요. 이는 대항해 시대로 접어든 시점에서 스페인이 포르투갈과의 경쟁에서 앞서 나가기 위한 전략적 목적이었지요. 당시 포르투갈은 아프리카 희망봉을 돌아 인도로 가는 길을 개척했어요. 1488년 바르톨로메우 디아스가 아프리카 최남단에 있는 희망봉을 발견했고, 1498년에는 바스쿠 다가마가 포르투갈에서 아프리카와 인도를 연결하는 해상 루트를 개척했어요. 반면 스페인은 아프리카를 돌아 인도로 가는 포르투갈의 해상 항로보다 짧은 길을 찾고 싶었어요. 스페인은 대서양 건너 서쪽으로 항해하여 새로운 무역항로를 개척함으로써 열세에 몰린 상황과 유럽의 변방에 머물던 국가의 지위를 회복하려 했어요.

지정학적으로 유럽 남서부 이베리아반도에 위치한 스페인은 육로는 피레네산맥에 가로막혀 있고, 오스만 제국의 확장으로 인해 육상 무역로가 차단되면서, 유럽의 변방으로 취급을 받았기 때문에 신항로 개척이 절실했던 상황이었습니다. 당시 후추, 정향, 계피와 같은 향신료의 원산지 가격은 매우 저렴했으나 무역선을 타고 유럽으로 오면 엄청나게 비싼 가격에 거래가 되었어요. 원산지 가격에 비해 실제 유럽에서 소비되는 가격은 60배에 달했다고 하니 엄청난 폭리를 취하고 있었다는 것을 알 수 있지요. 때문에 향신료 무역은 배 10척을 띄워 보낸 후 1척만 돌아와도 이익이 난다고 할 정도로 사업성이 높았어요.

유럽의 변방에서 탈출하기 위해 해상무역 및 신항로 개척을 필요로 했던 스페인 왕실의 입장과 지구는 둥글기 때문에 서쪽으로 계속 항해하면 인도로 가는 빠른 길을 찾을 수 있다는 콜럼버스의 주장이 맞물리면서, 인도 항로 개척을 위한 도전이 시작돼요. 아프리카 희망봉을 돌아 인도까지 가는 것 보다 빠른 길을 찾을 수 있다고 확신한 콜롬버스는 1492년 8월 3일 산타마리아호를 비롯한 3대의 스페인 탐험선에 90명의 승조원을 태우고 멋지게 출발해요. 서쪽으로 향했던 콜럼버스는 많은 시련을 극복하고 70여 일의 힘든 항해 끝에 새로운 땅에 도착해요. 콜롬버스는 자신이 도착한 땅이 인도라고 생각하고, 현지에서 만난 원주민을 인디언이라고 칭했어요.

이렇게 콜럼버스가 자신이 도착한 아메리카를 죽을 때까지 인도라고 생각할 수밖에 없었던 이유는 무엇일까요? 그것은 당시 세계지도에 아메리카 대륙이 존재하지 않았기 때문이에요. 신대륙을 발견했다고는 상상도 하지 못한 것이지요. 아직까지도 아메리카의 원주민을 인디언이라고 부르고 있는 이유가 여기에 있답니다. 인디언은 인도 사람을 뜻하므로 인도의 인디언과 미국의 인디언 단어를 동시에 사용하면 혼동될 수 있어요. 요즘은 미국의 인디언을 칭할 때는 아메리카 인디언이라고 부르고 있어요.

콜럼버스 일행과 인디오들의 첫 만남,
1590년, 동판화

글로벌 경제의 시작

콜럼버스의 신대륙 발견은 유럽을 포함하여 스페인에게는 커다란 축복이었지만, 신대륙에 거주하고 있던 원주민에게는 '재앙의 시작'이었어요. 신대륙을 정복하기 위한 쟁탈전이 본격적으로 시작되면서 아메리카 대륙 원주민 사회는 전쟁과 질병으로 서서히 무너지기 시작해요. 천연두, 홍역과 같은 전염병이 확산되면서 병으로 죽어 가는 사람들이 늘어 갔고, 무력 충돌과 피정복민으로서 강제 노동으로 인해 기존 원주민 사회의 문화와 전통은 파괴되었어요.

신대륙의 발견은 인류의 지평을 넓힌 커다란 전환점이었지만, 그곳에서 터전을 이루고 살던 수많은 원주민에게는 '죽음의 전주곡' 같았을 거예요. 당시 신대륙이라는 단어는 유럽인의 시각에서 만들어진 언어예요. 이미 아메리카 대륙에 약 8천만 명의 원주민이 거주하고 있었고, 거대한 제국이 존재하는 곳을 신대륙이라고 지칭하는 것은 맞지 않아요. 또한 발견이라는 단어도 대부분의 책에서 쓰는 말이지만 적절하지 않은 것으로 보여요. 발견이라는 말보다 도착이라고 표현하는 것이 맞다고 생각합니다. 유럽인들의 시각에서 보면 신대륙 발견일 수 있지만 원래 살고 있던 원주민의 입장에서는 낯선 사람들이 도착한 것에 불과하니까요.

그럼에도 불구하고 지리상의 발견으로 일컬어지는 신대륙 발견은 대항해시대의 본격적인 개막을 불러왔고, 세계 무역시장의 일대 혁신을 가져왔으며, 18세기 산업혁명에 이르기까지 근대 서양의 새로운 지평을 여는 단초를 제공했어요. 서양사는 신대륙 발견 전과 후로 완전히 달라지게 됩니다. 세계지도에 없던 거대한 대륙이 발견되었으니 유럽 각국은 '보물찾기'

하듯 식민지 건설에 국가의 사활을 걸고 도전하게 되었지요. 식민지를 넓히면 필요한 자원을 더 쉽게 확보할 수 있고, 값싼 노동력을 이용할 수 있으며, 자국에서 남는 물건을 팔 수 있는 시장도 마련할 수 있다는 이점이 있어요.

대서양은 그동안 무역을 위한 해상로가 없었어요. 서쪽으로 두 달이 넘는 항해를 시도한 적이 없었기 때문에, 콜럼버스는 무에서 유를 만들어 낸 셈이에요. 이로써 새롭게 주목받게 된 대서양은 버려진 바다에서 지정학적으로 유럽 열강들의 경쟁이 치열해지는 각축장으로 변하게 돼요. 해상무역 패권을 잡기 위해 스페인과 영국, 네덜란드는 해군력을 증강 시키고 신무기를 개발하는 등 많은 노력을 쏟았습니다. 이러한 변화는 19세기 서구 열강이 다른 나라나 민족을 정복하는 제국주의 시대로 나아가는 계기가 되었어요. 그중에서도 영국은 스페인 무적함대를 격파하며 해상 강국으로 떠오르고 제국주의 시대 최대 수혜국으로 수많은 식민지를 만들어 '해가 지지 않는 제국'을 만들게 돼요.

인도 무역 항로를 찾기 위한 콜럼버스의 도전이 지리상의 발견을 가져오고, 유럽 사회는 식민지 건설과 무역로 확장 및 대규모 금과 은의 유입으로 유럽경제를 부흥시키고, 세계를 하나로 묶는 글로벌 경제의 시작점을 만들어요. 콜럼버스의 도전이 세계의 정치, 경제, 사회, 문화적으로 얼마나 지대한 영향을 미쳤는지, 왜 역사에서 하나의 커다란 전환점으로 기억되는지 이제 알 수 있겠지요?

북아메리카? 앵글로아메리카?

멕시코는 북아메리카야? 라틴아메리카야? 라는 질문을 받으면 순간 갸우뚱할 수 있지만 당황하지 마세요. 둘 다 맞는 말이랍니다. 멕시코는 지리적으로 북아메리카에 속하지만, 문화적으로는 라틴아메리카로 분류되고 있어요.

아메리카 대륙을 이해하려면, 지리적 구분과 문화적 구분의 기준이 어떻게 달라지는지를 살펴볼 필요가 있어요. 우선 아메리카 대륙은 지리적으로 구분했을 때 파나마 운하를 경계로 북아메리카와 남아메리카로 나눌 수 있어요. 지정학적으로 중요한 파나마 운하는 중앙아메리카의 파나마 공화국에 위치하며, 아메리카 대륙을 지나는 해상무역에서 중요한 역할을 하고 있어요. 파나마 운하는 대서양(카리브해)과 태평양을 연결하는 약 82km의 인공 수로이며, 전략적 요충지라고 할 수 있어요.

82km로 바뀐 세계지도

파마나 운하에 대해 구체적으로 알아볼까요? 16세기 초 스페인 제국이 처음으로 파나마 지협을 통해 대서양과 태평양을 직접 연결하는 운하를 건설하겠다는 획기적인 생각을 했지만, 당시 기술로는 불가능했어요. 이후

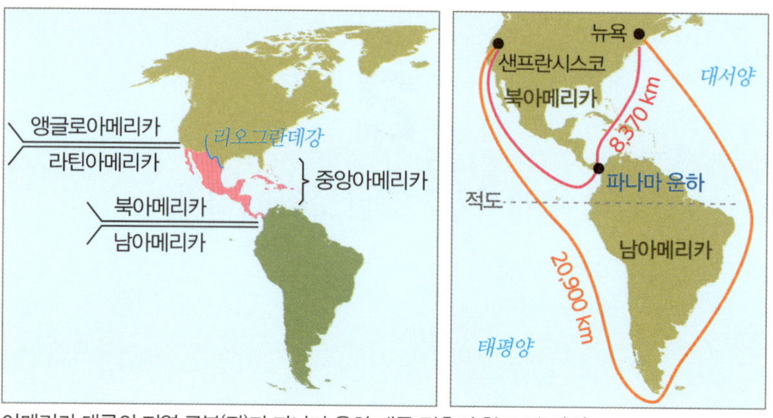

아메리카 대륙의 지역 구분(좌)과 파나마 운하 개통 전후의 항로 비교(우)

수에즈 운하를 성공적으로 건설했던 프랑스도 패기 넘치게 19세기 파나마 운하 건설에 도전했지만, 결국 말라리아와 같은 풍토병의 유행과 자금 부족으로 실패했지요. 다음으로 파나마 운하 건설에 도전하여 성공한 나라가 미국입니다.

19세기 말 콜롬비아의 일부였던 파나마는 콜롬비아로부터 독립하는 과정에서 미국의 강력한 도움을 받았어요. 그 대가로 미국은 파나마와 조약을 맺고, 파나마 운하의 건설을 완공하면서 영구적인 소유권을 얻었어요. 파나마 운하의 완공으로 미 해군은 대서양과 태평양을 빠르게 이동할 수 있는 길을 마련하게 되었고, 제1, 2차 세계 대전에서도 중요한 역할을 하게 되었어요.

파나마 운하는 미국의 군사·외교적 영향력을 뒷받침하는 전략적 요충지로 활용되면서 미국이 강대국으로 성장하는 데 큰 역할을 했어요. 또한 미국은 운하를 통해 막대한 통행료 수익을 올렸으며, 이를 바탕으로 중남미

지역에 대한 입지를 강화하고, 더 큰 영향력을 발휘할 수 있었어요. 하지만 파나마 국민의 동의 없이 체결된 미국과의 조약은 파나마의 많은 국민들이 나라의 주권이 심각하게 침해당했다고 받아들였으며, 이로 인해 미국과 파나마 국민 사이엔 불만과 갈등이 오랫동안 지속되었어요. 그러다 1979년 9월 체결된 '토리호스-카터 조약'에 서명하면서 미국은 1999년 운하의 관리권을 파나마에 완전히 넘기게 되었습니다.

리오그란데강을 건너면 달라지는 세상

파나마 운하를 통해 지리적 구분을 이해했다면, 이제는 문화적 구분에 대해 살펴보아요. 멕시코와 미국의 국경선인 리오그란데강을 경계로 북쪽은 앵글로아메리카(Anglo-America), 남쪽은 라틴아메리카(Latin America)로 나눌 수 있어요. 앵글로아메리카와 라틴아메리카는 지리적으로 인접해 있지만, 역사적 배경, 문화적 특성, 정치적 구조 등에서 뚜렷한 차이가 있어요. 아메리카 대륙의 국가 중 영국의 식민 지배를 받아 영어를 주로 사용하는 미국과 캐나다는 앵글로색슨(Anglo-Saxon)에서 유래한 앵글로아메리카라는 이름으로 불려요. 반면 과거 스페인과 포르투갈의 지배를 받아 스페인어, 포르투갈어처럼 라틴어에서 유래한 언어를 사용하는 나라들은 모두 라틴아메리카에 속한다고 할 수 있어요.

리오그란데강을 기준으로 한 아메리카 문화권 구분

앵글로아메리카는 산업이 발달하고, 경제 수준이 높은 세계 경제의 중심지 중 하나이며, 세계 질서를 주도하고 있어요. 하지만 라틴아메리카는 천연자원에 많이 의존하고 있으며, 경제적 불평등과 정치적 불안정, 인프라 부족 등 여러 구조적 문제로 인해 발전 속도가 상대적으로 느린 편입니다. 미국은 라틴아메리카에 강한 경제적 영향력을 가지고 있으며, 중남미 나라들과 무역을 확대하고 다양한 분야에 적극적으로 투자를 하고 있어요. 그러나 때때로 앵글로아메리카의 정치적 개입과 경제적 우위는 라틴아메리카의 자율성과 경제적 불평등을 심화시키는 부정적인 결과를 초래하기도 해요.

아메리카, 함께 여는 미래 지도

그렇다면 앵글로아메리카와 라틴아메리카는 앞으로의 미래를 어떻게 설계해야 할까요? 아메리카는 북쪽의 캐나다와 미국부터 남쪽의 아르헨티나와 칠레에 이르기까지 다양한 모습을 가진 대륙입니다. 특히 라틴아메리카는 풍부한 천연자원과 젊은 인구를 바탕으로 성장 잠재력을 지닌 국가들이 많아요. 과거처럼 지배하거나 일방적인 영향력을 행사하는 대상이라는 관계에서 벗어나 아메리카 대륙의 국가들은 경제, 환경, 정치, 사회 등 다양한 분야에서 협력을 바탕으로 새로운 미래를 함께 설계하는 노력이 필요해요. 앞으로 아메리카 대륙이 지향해야 할 미래는 상호 협력을 바탕으로 균형 잡힌 공존의 길이지요. 아메리카 대륙이 어떤 방향으로 나아갈지 우리 함께 기대해 보아요.

캐나다에 프랑스가 있다고?!

풍부한 자원과 정치적 안정을 바탕으로 성장한 캐나다는 국토 면적 기준으로 세계에서 두 번째로 넓은 땅을 가지고 있어요. 북아메리카에 위치하고 있으며, 동쪽으로는 대서양, 서쪽으로 태평양 그리고 북쪽으로는 북극해와 접하고 있어요. 아시아, 유럽, 북극, 아메리카 대륙을 모두 연결할 수 있는 중요한 지리적 위치를 차지하고 있는 나라이지요. 약 8,891km 달하

캐나다 내 퀘벡주의 위치와 행정구역

는 캐나다와 미국의 국경은 세계에서 가장 긴 육지 국경이라고 해요. 긴 국
경선은 단순한 지리적 경계의 의미뿐만 아니라 경제, 안보, 외교 전반에 걸
쳐 긴밀하게 협력할 수밖에 없는 양국의 관계를 나타내기도 해요.

가끔 나라의 이름은 누가 어떻게 지었을까 하는 궁금증이 생기기도 합니
다. 캐나다의 이름은 아주 작은 오해에서 시작되었어요. 1500년대 중반,
새로운 땅을 찾아 탐험을 시작한 프랑스인 자크 카르티에는 낯선 땅에 도
착해 원주민에게 이곳이 어디냐고 물었어요. 그때 원주민은 자신의 부족
언어로 마을이라는 의미로 '카나타'라고 대답했고, 자크 카르티에는 이곳
의 이름을 '카나타'라고 생각해서 그 이후 캐나다(Canada)로 불리기 시작
했다고 합니다.

캐나다 속 작은 프랑스 퀘벡

캐나다에서는 영어를 공용어로 사용하는 데 퀘벡만 유일하게 프랑스어를
공용어를 사용하고 있어요. 그 이유를 찾아보려면 퀘벡의 역사를 살펴보
아야 해요.

캐나다의 국기와 퀘벡주기(좌), 영어와 프랑스어가 함께 표기된 도로 표지판(우)

1608년 새뮤얼 드 샹플랭이 현재 퀘벡주의 위치에 마을을 세웠어요. 캐나다 대부분의 지역이 영국의 지배를 받았지만 '누벨 프랑스(Nouvelle-France)', 즉 '새로운 프랑스'라는 이름으로 불렸던 퀘벡을 중심으로는 프랑스어를 사용하는 정착민들이 증가했어요. 퀘벡주의 프랑스어는 단순한 언어가 아닙니다. 프랑스 사람들은 새로운 지역인 퀘벡에 살아가면서 자신들의 언어와 문화를 지키는 위해 노력했고, 퀘벡주에 프랑스의 색깔이 점점 스며들게 되면서 정체성을 유지하고 공동체를 형성하는 결과를 만들었어요.

퀘벡, 독립보다 공존의 길로

하지만 위기가 찾아왔어요. 1700년대 중반에 프랑스와 영국의 북아메리카를 차지하기 위한 치열한 7년 전쟁이 일어났고, 이 과정에서 프랑스는 1763년에 퀘벡을 영국에게 넘기게 돼요. 캐나다는 영국의 식민 지배를 받게 되었지만, 영국은 퀘벡에 살던 프랑스계 사람들에게 프랑스어 사용을 금지하지 않았고, 프랑스식 문화를 계속 이어갈 수 있도록 허용했어요. 이 결과 캐나다의 다른 지역들과 달리, 퀘벡주는 인구 약 800만 명 중 85%가 프랑스어를 모국어로 사용하는 독특한 지역으로 남게 되었고, 퀘벡은 영어보다는 프랑스어가 더 많이 들리는 지역이 되었습니다. 이처럼 프랑스어 사용자가 다수를 이루는 퀘벡에서는, 프랑스계 캐나다인들이 자신들의 언어와 문화를 지키는 데 매우 민감해졌어요. 영어 중심의 문화가 확산되는 가운데, 이들은 프랑스어가 사라질지도 모른다는 위기의식을 느끼며, 프랑스어를 지키려는 움직임이 생겼어요.

이런 분위기가 확산되는 상황에서 1967년, 프랑스의 대통령이었던 샤를 드골이 캐나다를 방문하여 연설하던 중 "자유 퀘벡 만세(Vive le Québec libre)"라고 외치는 사건이 일어났어요. 이 말은 퀘벡이 캐나다로부터 독립하길 바란다는 뜻이었지요. 이 사건을 계기로 퀘벡 분리주의 운동은 캐나다에서 가장 오랜 정치적 갈등으로 등장하게 되었어요. 퀘벡주가 독립을 요구하며 1980년 5월 처음으로 캐나다 연방으로부터 독립에 관한 주민투표(referendum)를 실시하였고, 1995년 10월 2차 주민투표를 실행했어요. 주민투표의 결과 근소한 차이로 부결되었지만 퀘벡주는 자신들의 독특한 문화와 프랑스어 사용권을 지키기 위한 정책을 계속 추진하고자 노력했어요. 이에 대응해 캐나다 연방 정부는 1969년에 '공용어법(Official Languages Act)'을 제정하여 영어와 프랑스어를 캐나다의 공식 언어로 지정하고, 연방 정부 차원에서 두 언어를 동등하게 사용할 수 있도록 보장하여 언어 갈등을 줄이려는 노력을 했어요.

퀘벡 독립운동은 한때 캐나다 연방을 흔들었던 심각한 정치적 쟁점이었지만, 지금은 그 영향력이 미미해졌어요. 최근 여론 조사에 따르면 퀘벡 주민의 30% 이하만 독립을 지지하고 있어요. 많은 주민들은 독립으로 인한 경제적 불확실성보다는 정치적 안정과 경제적 이익을 더 중요하게 생각하고 있다는 것이지요. 퀘벡의 정체성 문제는 여전히 중요한 사회적 쟁점으로 남아 있지만. 독립 대신 프랑스어와 전통문화를 지키기 위한 노력은 앞으로도 계속될 것으로 보여요.

식민지 역사를 바꾼 사상

역사를 공부하다 보면 국가는 영토 확장이나 주변국과의 분쟁으로 전쟁과 평화 그리고 갈등을 거쳐 다시 전쟁을 하는 악순환에 빠지는 모습을 자주 보게 됩니다. 치열한 전쟁이 종식되고 나면 필연적으로 정복민과 피정복민으로 나눠지지요. 피정복민이 지배를 당하여 일시적 평화의 시기를 보내지만, 시간이 지나면서 인종적, 문화적, 종교적, 경제적 갈등이 내부의 에너지로 응축됩니다. 누적된 갈등 에너지는 잦은 내전으로 이어지고, 그 과정에서 작은 불씨가 커다란 사태로 번지면서 피를 부르게 되는 경우가 많아요. 한 나라 안에서 벌어지는 내전이든, 주변국과 피정복민의 연합을 통한 전쟁이든 이러한 사태는 다시 한 나라를 전쟁의 소용돌이 속으로 빨려 들어가게 해요.

물론 평화가 지속되는 경우도 많이 있어요. 전쟁에 승리한 나라가 너무 강력해서 피정복민이 전쟁을 일으키는 것이 불가능한 경우이거나, 지배층이 피지배층과 모든 부분에서 차별이 없고, 사회적 갈등과 종교적 억압이 없이 평온하게 동화되는 경우도 있어요. 로마의 경우 영토확장을 위한 정복 전쟁이 진행되면서 제국의 울타리로 들어간 국가와 민족들이 로마에게 강력하게 반발하기 힘들었던 것은 로마의 힘이 그만큼 강했기 때문이에요.

그렇다면 16세기 중앙아메리카와 남아메리카의 사정은 어땠을까요?
1492년 스페인 왕실의 지원을 받은 콜럼버스가 신항로 개척을 위한 1차
원정을 마쳤어요. 1493년에는 2차 원정을 떠나 지금의 도미니카공화국에
정착지를 세웠고, 본격적으로 아메리카 식민지 개척을 시작하게 됩니다.
신대륙 발견이라는 빅뉴스는 유럽 전역에 퍼졌고, 새로운 무역항로 개척
에 목말라 있던 유럽 각국들은 앞다투어 신대륙 개척에 동참하게 되었어
요. 특히 영국, 프랑스, 포르투갈 등 해양 무역 강국들은 새로운 무역항로
개척과 식민지 개척 열풍에 발 빠르게 참여하면서 대항해시대의 문을 활
짝 열게 돼요.

정복자의 승리 뒤에 숨겨진 비밀

16세기 에르난 코르테스는 500명의 병력을 이끌고 쿠바를 출발해 유카탄
반도를 거쳐 아즈텍 제국을 공격해 정복했고, 피사로는 180명의 병력으로
잉카 제국을 멸망시켜요. 이후 정복자들이 차례로 들이닥치며 찬란했던
중앙아메리카와 남아메리카 문명이 역사의 뒤안길로 사라지고 본격적인
라틴아메리카의 시대로 변모해요. 결국 중앙아메리카와 남아메리카는 스
페인과 포르투갈에 의해 대륙 전체가 식민지화 되지요. 지리적 개념의 중
앙아메리카 및 남아메리카를 문화적 개념의 라틴아메리카와 혼용해서 사
용하는 이유는 언어에서 비롯되었습니다. 대부분의 라틴아메리카 국가는
라틴족으로 이루어진 스페인과 포르투갈에게 지배당하며 그들의 언어와
문화에 영향을 받았어요.

그렇다면 16세기 아메리카 대륙 전체에 8천만 명의 원주민이 살고 있었

고, 찬란한 문화와 기술을 가지고 있었음에도 코르테스와 피사로가 이끄는 소수의 병력에 쉽게 무너진 이유가 뭘까요? 반대로 코르테스와 피사로는 어떻게 소수 병력만으로 거대한 제국과 넓은 땅을 식민지화 할 수 있었을까요? 물론 병력만으로는 전쟁 자체가 불가능했지만 아즈텍의 경우 그들이 신으로 추앙했던 인물이 코르테스와 닮았다는 사실에 적개심 없이 받아들인 것이 화근이었고, 잉카 제국의 경우 부족 간 갈등과 반목을 교묘히 이용함으로 전쟁을 승리로 이끈 것도 있지만, 근본적인 원인은 전염병에 있었답니다.

기원전 1만 5천 년 전 빙하기에 지금의 베링 해협은 아메리카 대륙으로 건너갈 수 있는 육교 같은 곳이었어요. 시베리아에 살던 고대인들은 메머드 사냥을 위해 아메리카 대륙에 발을 들여놓게 되었고, 이후 빙하기가 끝나 해수면의 높이가 높아지면서 베링해협은 아시아와 아메리카를 단절시키

베링해협과 베링 육교의 위치

는 해협이 되었어요. 고립된 대륙에서 좀 더 사냥감이 다양하고 풍부하고 따뜻한 지역으로 이동하면서 아시아에서 건너온 인류는 아메리카 대륙 전체에 퍼지게 되었어요. 결국 베링해협이 생겨나면서 지정학적으로 아메리카 대륙은 고립된 환경에 놓이게 되었고, 독자적으로 문화를 형성하며 발전하는 계기가 되었어요.

그동안 대륙 단절로 한 번도 교류가 없었던 유럽 지역에서 넘어온 바이러스와 세균은 무방비 상태로 있던 아메리카 원주민에게 치명적인 피해를 주며 전 대륙을 휩쓸었어요. 전염병으로 수많은 사상자가 발생하면서 제국의 규모는 갖추었지만 전투력의 상실로 제대로 된 전쟁을 하지 못했습니다. 지역별로 차이는 있지만 적어도 50%에서 많게는 90%까지 유럽에서 건너온 각종 전염병으로 아메리카 원주민이 사망했어요. 반대로 유럽에서 건너온 사람들은 큰 영향을 받지 않았어요. 유럽은 아시아 및 아프리카 등 다양한 지역이 모두 연결되어 있고, 그로 인해 각종 질병에 대한 면역이 어느 정도 갖춰져 있어서 저항력이 강했습니다.

은의 저주와 독립전쟁

스페인과 포르투갈의 식민지로 전락한 라틴아메리카 원주민들은 각종 질병에 허덕이면서도 노예와 같은 강제노동을 강요받으며, 유럽의 1차 산업 생산기지로 전락했어요. 또한 아메리카 대륙에 매장된 많은 양의 금과 은은 유럽을 부강하게 만들었지요. 그중 대표적인 것이 지금의 볼리비아 포토시에 있는 세로리코 은광이에요. 엄청난 양이 매장된 세로리코 은광은 스페인 제국은 물론 세계 경제의 흐름을 바꿔 놓은 계기로 수세기 동안 생

세로리코 은광

산된 은의 양만 6만 톤에 이릅니다. 세계 경제의 부흥에 일조한 은광의 뒷면에는 수많은 원주민 광부와 아프리카에서 건너온 흑인 노예의 희생이 있어요. 그렇다면 라틴아메리카의 희생으로 쌓아 올린 막대한 부를 스페인 제국은 어떻게 사용했을까요? 스페인이 부유하고 강한 국가를 만들어 다른 어느 나라도 넘볼 수 없는 강력한 제국을 이룩했다면 라틴아메리카의 독립은 쉽게 이루어지지 않았을 거예요.

그러나 스페인 왕가는 식민지로부터 유입되는 막대한 금과 은을 전쟁과 종교박해에 사용했고 왕위 계승 문제와 폭등하는 물가에 스페인 경제는 '은의 저주'라는 덫에 빠져 몰락의 길을 걷게 되었어요. 더구나 1807~1808년 나폴레옹의 이베리아반도 침략은 스페인과 포르투갈에 치명상을 입혔고, '종이호랑이'로 전락한 스페인은 사실상 식민지를 관리하고 지탱할 힘을 잃게 되었습니다.

독립의 불씨와 각국의 해방

라틴아메리카의 독립 열망에 도화선을 제공한 것은 나폴레옹의 이베리아반도 침략 이전에 있었던 프랑스 혁명과 미국의 독립이었던 것으로 보입니다. 1776년 미국은 영국 식민지였던 13개 주가 모여 독립선언을 하고, 영국의 손아귀에서 벗어나는 길을 택했어요. 이를 지켜보던 라틴아메리카에서도 독립에 대한 열기가 크리오요를 중심으로 크게 끓어 올랐지만, 그때까지 영향력을 행사하고 있었던 스페인 왕가와 대적하기에는 무리가 있었어요. 하지만 나폴레옹의 이베리아반도 침략 전후로 스페인의 영향력이 크게 줄어들자 크리오요를 중심으로 독립에 대한 본격적인 도전이 시작됩니다. 크리오요는 스페인 포르투갈을 비롯한 유럽에서 넘어온 엘리트 계층 이민자 자손으로 당시 스페인 식민지 인구의 20%를 차지하고 있었답니다.

라틴아메리카에서 가장 먼저 독립한 나라는 1806년 세계 최초 흑인 공화국이었던 아이티였습니다. 이후 1811년 베네수엘라가 독립했고, 1819년 시몬 볼리바르가 이끄는 독립혁명 세력은 식민지를 지탱하고 있던 왕당파 군을 무찌르고 지금의 콜롬비아, 베네수엘라, 에콰도르에 이르는 콜롬비아 공화국을 탄생시켜요. 볼리바르는 1821년 페루로 건너가 3년간의 치열한 전쟁 끝에 콜롬비아를 독립시키고, 1825년에는 볼리비아를 독립시켰어요. 볼리바르는 라틴아메리카 독립운동에 지대한 영향을 미친 인물로 널리 알려져 있으며, 볼리비아라는 국호는 볼리바르의 이름에서 따온 것이에요. 멕시코의 독립운동은 1810년 아메리카 원주민과 스페인인 사이의 혼혈로 태어난 미겔 이달고 신부에서 시작돼요. 이달고 신부는 독립운동 도중 처형되지만, 가혹한 통치와 수탈에 맞서려는 민중의 독립에 대한 열망이 이어지면서 1821년 스페인 지배계급을 몰아내고 독립하게 돼요.

아르헨티나는 1814년 산마르틴의 지휘 아래 독립전쟁을 시작하여 1816년 라플라타 연방으로 독립해요. 아르헨티나를 독립시킨 산마르틴은 칠레 독립에도 적극 지원해요. 칠레 독립혁명 군들이 왕당파가 지배하고 있던 땅을 차례로 점령해 나가면서 1818년부터 시작된 전쟁을 8년 만에 마무리하고, 1826년 독립을 완성하게 돼요. 포르투갈이 지배하는 브라질의 경우는 정치적 상황이 조금 달랐어요. 나폴레옹의 이베리아반도 침략으로 급하게 브라질로 망명한 포르투갈 왕실은 나폴레옹이 몰락하자, 본국으로 돌아가면서 황태자 페드루 1세를 공작으로 임명하여 브라질을 통치하게 했어요. 문제는 식민지 브라질에서도 독립에 대한 열망이 커지고 있었고, 1822년 포르투갈군과 독립을 열망하는 민병대 사이의 전쟁이 일어나 2년간 지속되었어요. 1824년 마지막 보루였던 몬테비데오의 포르투갈군이 독립을 꿈꾸는 혁명군에게 최종 항복하며 브라질의 독립은 완성되었습니다.

계몽주의, 대륙의 미래를 열다

미국의 독립은 라틴아메리카의 독립운동에 커다란 전환점을 제공했지만, 근본적인 영향은 17~18세기에 유럽에서 벌어진 이성을 중요시한 계몽주의 사상에 있습니다. 계몽주의는 인류의 보편적 진보를 꾀하려는 이념으로 자유주의, 법치주의, 정교분리 등이 핵심을 이루는 사상이에요. 계몽주의는 프랑스 혁명과 미국 독립전쟁에 영향을 미쳤고, 미국의 독립에 영향을 받은 라틴아메리카의 식민지는 독립에 대한 열망을 실천함으로써 지금의 국가들이 생겨났어요.

<h1 align="center">왜 사람들은 미국으로 가려고 할까?</h1>

국경선 위에 세운 거대한 벽

미국과 멕시코는 약 3,144km의 긴 국경선을 맞대고 있는 이웃 나라입니다. 많은 사람들이 이동하는 이 국경선은 단순한 국가의 경계를 넘어서 여러 가지 복잡한 문제들이 얽혀 있는 곳이지요. 2017년 미국 대통령이 된 도널드 트럼프는 선거 때부터 "우리는 멕시코 국경에 불법 이민 유입 방지를 위한 큰 장벽을 만들어 더 안전한 미국을 만들겠다!"라고 발표했어요. 그리고 중남미 이민자들의 접근을 막기 위해 국경을 따라 1049km 구간에 높이 9m가 넘는 철제 장벽을 설치하거나, 기존 장벽을 보강하는 공사를 추진했습니다. 국경에 설치한 장벽은 미국 안에서도, 그리고 국제 사회에서도 큰 관심과 논란을 불러왔어요.

높고 견고한 장벽은 불법 이민자들의 접근을 어렵게 만들고, 국경 지역의 치안을 강화하여 국가의 안전을 지키는 역할을 한다는 긍정적인 평가도 있어요. 하지만 미국의 국경 장벽 설치에 대한 막대한 비용 부담뿐만 아니라 인권을 침해할 수 있다는 우려 외에 환경 문제를 일으킬 수 있다는 지적이 나오면서 그 효과와 정당성에 대한 논란은 쉽게 가라앉지 않았어요.

최근 멕시코와 미국 사이의 국경을 둘러싼 이민자 문제는 단순한 국경 통제를 넘어서 심각한 국제적 문제로 부각되고 있어요. 국경을 넘는 과정에서 발생하는 불법 이민, 마약 밀매, 무기 거래, 인신매매와 같은 범죄는 양국 모두에게 큰 사회적 부담을 안기고 있어요. 멕시코 국경에서 벌어지는 여러 갈등은 미국과 멕시코만의 문제가 아니라, 국제사회가 함께 해결해야 할 과제가 되고 있습니다.

국경을 향한 마지막 희망

중남미의 사람들은 왜 목숨을 걸고 멕시코를 거쳐 미국의 국경을 넘으려고 할까요? 가장 큰 문제는 중남미 국가들의 사회적 불안정에 있습니다. 중남미 사회의 고질적 문제인 사회적 불평등, 낙후한 경제, 정치적 불안정은 자국으로부터의 탈출을 부추기고 있는지도 몰라요. 현실적 삶이 불투명한 중남미인들에게 아메리칸 드림(American Dream)은 유일한 탈출구일

미국과 멕시코의 접경지역에 설치된 장벽

수도 있어요. 매년 100만 명 이상의 사람들이 더 나은 삶을 찾아 목숨을 건 위험한 결정을 내리고 국경을 넘는다는 건 그만큼 중남미 사회의 심각함을 대변하는 현상이지요.

라틴아메리카에는 빈곤, 실업, 범죄, 부정부패, 자연재해 같은 다양한 문제가 존재해요. 특히 온두라스, 과테말라, 엘살바도르 등과 같은 나라들은 부정부패가 심각하고, 정부는 제대로 역할을 하지 못하고 있으며, 강력한 범죄 조직과 마약 카르텔의 영향력이 커서 사람들이 안전하게 살기 어려운 상황이에요. 많은 사람들이 일자리를 찾기 어렵고, 국민을 제대로 보호하지 못하고 있는 무능한 정부하에서 사람들은 살아남기 위해서 자신의 나라를 떠나는 거예요. 국경을 넘는 사람들은 생명의 위협을 무릅쓰고 리오그란데강을 건너는 선택을 하기도 하고, 국경순찰대(Border Patrol)에 체포되거나 범죄 조직에게 의존해야 하는 위험에 노출되어 목숨을 잃기도 하는 사례가 빈번하게 발생해요.

사실 많은 사람들은 불법적인 방법으로 국경을 넘지 않고, 정당한 절차를 통해 미국에 입국하길 원하지만, 미국 정부는 자국의 안전과 질서 유지를 위해 입국 심사를 매우 엄격하게 운영하고 있어요. 합법적인 이민 절차 역시 매우 까다롭고 시간이 오래 걸리기 때문에 일부 사람들은 비공식적인 경로를 선택해요. 물론 법적으로 보았을 때, 다른 나라의 허락 없이 국경을 넘는 행위는 옳지 않아요.

합법적인 이민 절차를 무시하는 불법 이민자들이 증가하면 어떤 일이 생길까요? 불법 이민은 국가의 법을 어기는 일이기 때문에, 이를 그대로 방치하게 된다면 법질서가 무너지고, 사회 전반에 혼란을 줄 수 있어요. 이로 인해 합법적이고 정당한 절차를 기다리는 사람들에게도 피해가 가는 건 당연할 일이겠지요. 또 세금을 내지 않고 응급 의료기관 등 공공서비스를 이용하게 된다면 사회복지 비용이 증가하고, 국민들의 세금 부담은 커질 수 있어요.

불법 이민자들이 한꺼번에 많이 유입되면 기존 주민들과의 문화적 차이로 인한 사회적 갈등도 발생하여 안정적이었던 사회 분위기를 망칠 수 있어요. 하지만 부정적인 영향만 있는 건 아니예요. 미국의 이민 정책은 논란이 되기도 하지만, 유럽, 아시아, 아프리카, 라틴아메리카 등 세계 여러 지역에서 이주해 온 이민자는 다양한 분야에서 열심히 일하면서 미국이 성장하는 데 핵심적인 역할을 했어요.

많은 선진국에서 저출산으로 인해 젊은 노동인구가 감소하는 추세이지만, 미국은 이민 비율이 높아 생산 가능한 인구 비율을 잘 유지하면서 고령화에 따른 노동력 감소 문제를 완화 시켜 왔어요. 노동력 제공, 인구 구조 안정화 등 다양한 측면에서 이민자들이 미국에 엄청난 이익을 가져다주면서 경제 성장을 지속적으로 유지할 수 있도록 돕고 있어요.

국경을 넘는 이주민들을 보는 시선은 다양할 수 있어요. 단지 '법을 어긴 사람'이 아니라, 살아남기 위해 어쩔 수 없는 선택을 한 사람이라고 생각해 보는 건 어떨까요? "불법이니까 나쁘다"가 아니라 "왜 그런 선택을 할까?", "우리는 어떤 시선으로 바라봐야 할까?"를 함께 고민할 수 있었으면 좋겠어요.

방랑자들의 종착역 파타고니아

서울에서 약 18,000km 거리에 '천국의 또 다른 이름'으로 불리는 파타고니아가 있어요. 남아메리카대륙 남위 40도 아래 위치한 파타고니아는 아르헨티나와 칠레에 걸쳐 있는 건조하고 기온이 낮은 광대한 땅으로 우리나라 면적의 여섯 배가 넘는 67만km^2에 달해요. 파타고니아라는 지명은 최초로 배를 타고 세계를 일주한 마젤란이 명명한 것으로 알려져 있어요. 마젤란은 태평양으로 나가기 위한 길을 찾기 위해 아메리카에 도착한 후 남쪽으로 항로를 잡고 계속 내려가다 티에라델푸에고 근처에 이르렀을 때

———
파타고니아의 자연경관

만난 원주민의 발이 유독 큰 것을 발견하고 '발이 큰 사람들'이라는 뜻의 파타고니아로 불렀다고 전해지고 있어요.

파타고니아가 유명한 이유는 자연이 훼손되지 않고 많은 부분이 그대로 보존되어 있기 때문입니다. '트레커들의 성지'로 불리는 파타고니아는 산과 계곡, 호수는 물론 안데스산맥의 빙하가 어우러진 천혜의 자연풍광을 자랑하며, 자연을 벗 삼아 유유자적 걷기에 최상의 장소로 알려져 있어요. 내셔널지오그래픽에서 세계에서 다섯 번째로 아름다운 자연 명소로 선정되기도 했어요. 죽기 전에 한 번은 꼭 가봐야 할 버킷리스트로 어디가 좋을까 고민하고 있다면 '방랑자들의 종착역' 파타고니아로 여행을 떠나 보는 것은 어떨까요? 에메랄드빛 호수에 비친 화강암 봉우리와 빙하 그리고 만년설을 보면서 남극에서 불어오는 바람의 향기를 맡으며 드넓은 초원을 느리게 걸으면 왜 파타고니아가 천국의 또 다른 이름이라고 불리는지 느끼게 될 거예요.

황금의 도시 엘도라도

아메리카 대륙을 발견하고 대항해 시대가 열리면서 유럽 사람들은 책이나 소문을 통해 수많은 이야기를 접하게 되었어요. 그중에서도 유럽인들의 마음을 걷잡을 수 없이 들뜨게 만들어 놓은 이야기는 황금으로 가득한 땅 엘도라도에 관한 풍문이었어요. 나라 전체가 황금이 넘쳐나고 축제 때 온 몸에 황금을 칠하고, 제물로 만든 황금 조형물을 강이나 호수에 던져 넣는 의식이 있다는 소문은 검증되지 않은 체 유럽 전역으로 퍼져 나갔어요. 이야기를 생산하고 확대한 장본인이 누구인지 알 수 없으나 엘도라도에 관한 소문은 꼬리에 꼬리를 물고 확대 재생산되었고, 전 유럽을 들썩이게 했어요. 엘도라도 이야기가 단순한 허구가 아니라는 것을 증명하듯 구체적인 지명도 알려졌어요. 아마존 강가에 있다는 소문과 브라질이나 멕시코와 칠레 사이의 어느 지점에 있다는 설 등 다양한 이야기가 풍문으로 떠돌았지요.

황금의 땅 엘도라도는 유럽인들에게 일확천금을 벌어 부자가 될 수 있다는 꿈을 심어 주었고, 많은 유럽인들이 목숨을 걸고 대서양을 횡단했어요. 아메리카 드림의 시초가 된 엘도라도 이야기는 실제 경험했다는 사람들의 이야기까지 덧붙여지면서 사실처럼 굳어졌고, 많은 사람들이 황금의 도시 엘도라도를 찾기 위해 도전하는 계기가 되었습니다. 스페인과 독일에서는 전설의 땅 엘도라도를 찾기 위한 탐험대까지 만들게 되었어요. 탐험대에는 엘도라도를 찾기 위해 수많은 사람이 참여했고, 일확천금의 꿈을 안고 고향을 등졌던 그들은 고군분투했지만 실제 소득은 없었어요. 원주민의 공격과 밀림을 헤쳐 나가면서 발생하는 질병과 맹수의 공격으로 많은 사상자만 생겼을 뿐, 황금의 땅에 대한 흔적은 아무것도 찾지 못했어요.

엘도라도 이야기는 탐험의 실패에도 불구하고 "못 찾은 것이지 없는 것이 아니다"라고 믿는 사람들이 많았고, 그것은 많은 유럽인들을 남미로 끌어들이는 효과를 발휘했어요. 결국 엘도라도는 유럽인들이 남미 전역을 빠르게 정복하는 기회가 되었습니다. 엘도라도가 실제로 존재했는지, 아니면 남미로 가기 위한 대규모 원정대 모집을 위한 인력 수급의 일환으로 만들어 낸 가짜 뉴스였는지 지금은 알 수 없어요. 그러나 엘도라도 이야기는 많은 유럽인들을 '골드러시'의 소용돌이에 휘말리게 만들었고, 점령국 입장에서는 남미를 적은 비용으로 손쉽게 정복하는 데 일조한 것만은 부인할 수 없는 사실입니다.

8

이스터섬에 서 있는 거인들의 비밀

세상에는 과학이 발전하고 기술이 진보해도 풀리지 않은 미스터리가 있습니다. 역사적 기록이 남아 있다면 그나마 안갯속을 헤매진 않겠지만, 기록도 없고, 만든 이유도 알 수 없고, 왜 그곳에 존재하는지도 모른다면 난감할 수밖에 없지요. 칠레에서 서쪽으로 3,700km 떨어져 있는 이스터섬의 모아이 석상이 그 대표적 미스터리 중 하나입니다. 미스터리란 수수께끼와 같이 비밀에 싸여 있어서 설명하기 힘든 사물이나 사건을 말하니, 이스터섬의 모아이 석상은 그야말로 미스터리에 부합하는 곳이지요.

태평양 넓고 깊은 바다에 외롭게 떠 있는 이스터섬은 수중 화산폭발로 형

이스터섬의 위성 사진

성된 섬으로 1888년 칠레가 합병하면서 행정상 칠레 발파라이소 지역에 속해요. 면적은 163km²로 우리나라 울릉도(72.9km²) 크기의 2배 정도이며, 기원후 400년경 폴리네시아인들이 유입되어 정착한 것으로 현재 인구는 약 8,000명 정도예요. 지정학적 이유로 부침이 심했던 이스터섬이 세상에 알려지게 된 것은 1722년 4월 5일 네덜란드 해군 제독 로헤벤에 의해서예요. 그가 이스터섬에 도착한 날이 부활절(Easter)이라 섬 이름을 이스터라고 붙여서 유럽에 알려지게 되었어요. 원주민들은 섬 이름을 테피트 오테헤누아(세계의 배꼽) 또는 라파누이(큰섬)라 부르고, 칠레에서는 이슬라데파스쿠아라고 부르고 있어요. 18세기 인구 15,000명의 이 섬은 1862년 페루의 공격을 받고 섬 원주민의 대부분이 노예로 끌려가는 사건도 있었고, 유럽인의 등장으로 천연두와 결핵, 매독이 창궐하여 원주민의 수가 100명까지 줄어드는 일도 있었어요.

미스터리를 품은 거대한 돌, 모아이 석상

이스터섬이 세상의 주목을 받게 된 계기는 모아이 석상 때문입니다. 모아이 석상은 섬의 해안을 따라 약 900개가 분포해 있어요. 모아이 석상은 3.5~10m로 크기가 다양하고 무게는 20~90톤 정도이지만, 가장 큰 모아이는

모아이

22m로 무게가 150톤 정도에 이르는 것도 있어요. 모아이 석상이 만들어진 연도도 고고학자마다 견해가 다르지만 약 400~1600년으로 추정하고 있어요. 석상은 크기도 크기지만 지나치게 무거운 만큼, 나무가 많지 않은 이스터섬의 원주민이 어떻게 당시 기술로 석상 제작과 운반 및 설치가 가능했는지 궁금증을 불러일으켰어요. 더구나 석상의 모양이 사람의 형상으로 보기에는 얼굴의 길이가 지나치게 길고, 붉은 모자를 얹어 놓은 특이한 형태도 있고, 인체 비율에도 맞지 않아 외계인이 만들었다는 설과 사라진 아틀란티스 대륙의 후예들이 만들었다는 설 등 호기심을 자극하는 얘기가 퍼지면서 유명세를 탔어요.

전설 속 수수께끼를 풀다

모아이 석상에 대한 신비감이 고조하는 가운데 궁금증을 해결하기 위해 1956년 모아이의 제작에서 운반, 설치까지 재현하는 실험이 진행되었고, 실험 결과 동일한 조건에서 가능하다는 결론을 얻었어요. 생김새에 대해서도 장이족(귀가 큰 민족)의 지배를 받던 단이족(귀가 작은 민족)이 제작에 참여하여 귀가 긴 장이족의 왕이나 귀족 또는 신격화된 사람을 석상으로 만든 것으로 보여요. 붉은 모자 형태는 원주민의 머리가 붉고 위로 올려서 장식하므로 아마도 그 모양을 본떠서 만든 것으로 추정됩니다. 100% 완벽한 해석은 어렵지만 이스터섬에서 전해 내려오는 전설과 구전되는 이야기를 토대로 학자들이 연구한 결과 대부분의 미스터리는 밝혀진 상태예요. 우리나라 제주도에 있는 돌하르방도 머리의 크기가 몸의 절반을 차지하는 것을 보면 이스터섬 원주민들도 머리를 강조하는 디자인을 한 것으로 보여요.

7교시

극지와 외딴 대륙의 지정학 이야기

1
오스트레일리아가 감옥이었다고?

남반구에 위치한 오스트레일리아는 크리스마스 축제가 한여름 해변에서 열리는 독특한 나라예요. 남태평양과 인도양 사이에 있는 오스트레일리아의 국토 면적은 약 770만km²로 세계 6위이며, 우리나라의 70배가 넘는 땅을 가지고 있지만 인구는 약 2700만 명으로 우리의 절반 정도입니다. 오스트레일리아 국토의 90% 정도는 사람이 살기 힘든 사막이거나 고원 지형으로 인구의 80% 정도는 동부 해안 지역에 살고 있어요. 국민의 약 89%가 유럽계이고, 나머지는 아시아계와 원주민(3.2%)이 차지하고 있어요.

우리 모두가 한 번쯤 가 보고 싶어 하는 멋진 나라, 오스트레일리아는 언제부터 세계사에 등장했을까요? 열심히 뛰어다니는 캥거루, 오페라 하우스가 있는 아름다운 도시 시드니가 가장 먼저 떠오르는 오스트레일리아는 유럽인들의 이주 시대가 열리면서 영국의 유배지로부터 역사가 시작되었습니다.

시드니 오페라 하우스(좌)와 오스트레일리아에서만 볼 수 있는 교통표지판(우)

원래 '미지의 남쪽 대륙'이라는 의미를 가진 라틴어 '테라 아우스트랄리스(Terra Australis)'에서 유래한 이 나라는 오세아니아 대륙의 대부분을 차지하며, 지구상에서 가장 작은 대륙이에요.

오스트레일리아는 수천만 년 전부터 다른 대륙과 뚝 떨어져 고립돼 있었고 서구열강에 의해 오스트레일리아 땅이 발견되기 전까지 이곳엔 원주민인 '애보리진'과 약 250여 개의 부족 100만 명이 터전을 이루고 살고 있었어요. 또한 캥거루, 코알라 등 다른 대륙에서는 볼 수 없는 신기한 동물들이 고립되어 경쟁자 없이 독자적으로 진화를 거듭할 수 있었지요. 오스트레일리아의 정식 이름은 오스트레일리아 연방이지만 보통은 오스트레일리아라고 부르고, 한국에서는 한자 음역어이자 약칭으로 호주라고 사용해요. 지금부터는 오스트레일리아를 한국에서 많이 사용하는 호주라고 지칭하겠습니다.

유럽 사람들이 처음 호주를 알게 된 것은 1770년 영국의 군인이자 탐험가였던 제임스 쿡 선장이 호주에 도착해 영국 땅이라고 선언하면서부터예요. 이런 영향으로 오스트레일리아는 영어를 사용하며, 국기에는 영국 국기(Union Jack)가 들어 있어 영국연방의 일원임을 나타내고 있어요.

죄수들의 섬, 기회의 땅으로

호주가 한때 영국의 죄수들을 유배시키는 땅이었다는 사실을 알고 있나요? 1788년, 영국에서 온 죄수들을 태운 배가 현재의 시드니에 도착했어요. 사소한 범죄를 저지른 사람들과 어린아이들까지도 이 배에 실려 있었지요. 호주는 가장 가까운 나라가 수백 킬로미터 떨어져 있고, 주변은 온통 사막에 바위 그리고 덤불로 뒤덮여 있어 탈출이 불가능한 창살 없는 거대한 감옥과 같았어요.

그렇다면 영국이 15,000km나 떨어진 머나먼 호주에 감옥을 건설한 이유가 무엇이었을까요? 18세기 후반 영국은 사회적으로 심각한 문제에 직면해 있었어요. 산업혁명으로 인한 급격한 도시화와 경제적 변화는 빈곤과 사회적 불안을 야기시켰어요. 노동자들은 저임금과 비정규직으로 내몰리고 빈부격차가 심화되면서 사회문제가 심각해지고 있었지요. 먹고 살기가 힘들어 옷과 빵을 훔치는 비교적 가벼운 죄를 짓는 범죄자들이 넘쳐나는 상황이 발생하면서 죄인을 수용할 교도소가 턱없이 부족해졌고, 영국은 부족한 교도소 시설과 비용을 절감시키기 위한 결단으로 이들을 해외로 유배시키기로 결정해요.

영국은 기존 식민지였던 미국으로 범죄자들을 유배 보내고 있었는데, 1776년 미국이 독립을 선언하면서 영국은 미국을 대신할 대안을 찾아야 했어요. 이때 제임스 쿡과 조셉 뱅크스가 호주를 새로운 유배지로 제안했고, 영국은 1868년까지 약 80년 동안 806회에 걸쳐 16만 2천 명의 범죄자를 호주로 유배보냈어요. 이 때문에 한때 호주를 '범죄자의 나라'라고 부르기도 했지요. 구체적으로 더 알아보자면 최초로 호주에 도착한 이들은 대부분 살인 등을 저지른 무거운 형벌의 범죄자들이 아니라 경범죄자였으며, 정부 관리와 군인, 그리고 그들의 가족도 포함되어 있었어요.

1851년에는 빅토리아주에서 금광이 발견되었고, 이로인해 '골드러시'가 일어나면서 호주는 '범죄자의 나라' 또는 ' 영국의 유배지' 이미지를 벗기 시작했어요. 흙을 조금만 파도 금을 채굴할 수 있다는 소문은 유럽인들의 마음을 들뜨게 했고, 일확천금을 꿈꾸는 많은 사람들이 호주로 이민을 오기 시작했어요. 이는 호주 경제의 발전과 인구의 급격한 증가를 가져다 주게 되었습니다. 이후에는 세계 각지에서 온 자유 정착민 수가 범죄자의 수를 넘어섰지요.

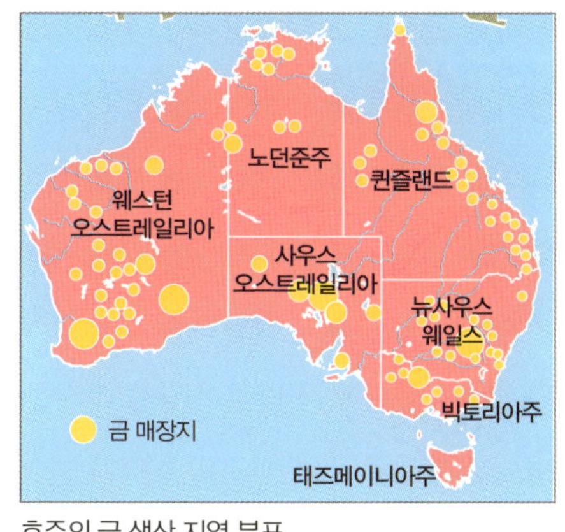

호주의 금 생산 지역 분포

세계 속에 자리 잡은 호주

이렇게 호주는 금광 덕분에 경제가 성장했고, 자치를 꿈꾸는 국민들의 목소리가 커지면서 19세기에는 독립을 향한 길을 걷기 시작했어요. 1855년에서 1859년 사이 영국은 호주 식민지의 자치정부를 승인해 주게 되는데 호주가 자치능력이 있었다기보다는 당시 영국이 방대한 식민지를 관리할 행정력이 부족했기 때문이에요. 이런 분위기에서 각 식민지는 대영 제국의 속박에서 좀 더 벗어나 외교와 국방을 제외한 나머지 부분에서는 자치 또는 독립성을 갖게 되었어요. 호주는 6개의 주와 2개의 특별구으로 구성되었지만 인구도 많아지고, 식민지끼리 합의할 일들이 많아지는 상황이 생기자 결국 1899년에서 1900년에 걸친 국민 투표를 통해 여섯 식민지가 호주 연방 가입을 결정했어요. 1901년 1월 1일 연방정부가 공식적으로 출범하게 되면서 영국 식민지에서 벗어나 영연방 소속의 자치령으로 독립하게 되었어요. 호주는 영국연방에 속해 있기 때문에 실질적인 국가 통치자이자 실권자는 호주 총리지만, 형식적으로 호주의 국가 원수는 영국의 국왕이 된다는 것을 의미하기도 해요.

호주가 감옥이었다는 사실은 이제 옛날이야기일 뿐입니다. 제임스 쿡이 호주 역사에 등장하기 전까지 100만 명의 원주민이 평화롭게 공존했던 사회였어요. 그러나 유럽인의 등장과 함께 호주 원주민은 하루아침에 노예와 같은 신분으로 전락하여 강제노역에 시달렸고, 천연두, 매독 같은 전염병으로 인해 원주민 인구의 90%가 줄어드는 상황까지 이르게 되었어요. 또 영국의 식민지 제국 형성 시기의 호주는 범죄자들의 유배지로의 역할을 했지만 이제 범죄자들의 유배지가 아니라 넓은 영토와 풍부한 자원을 바탕으로 1인당 GDP는 13번째(2024년 기준)로 높은 대표적 선진국으로 성장했어요. 자유로운 사회 분위기 속에서 개인의 자유를 중요하게 생각하며, 다양한 문화와 인종이 공존하는 호주는 지정학적으로 넓은 바다로 둘러싸여 있어 군사적으로는 안정적이지만 다른 대륙들과 너무 떨어져 있어서 국제적인 영향력이 작아질 수 있어요. 이런 지정학적 단점을 극복하면서 현재는 영국, 미국 같은 강대국과 동맹을 맺는 방식으로 아시아와 태평양을 연결하는 중심적인 역할을 하고 있어요. 특히, 인도·태평양 전략에서 중요한 국가로 평가받으며, 쿼드(Quad)와 같은 다자 안보 협력체에도 참여하고 있어요. 이러한 지정학적 위치 덕분에 호주는 글로벌 무대에서 중요한 역할을 수행하며, 지속적인 경제 성장과 외교적 영향력을 확대해 나가고 있어요.

캔버라가 선택되었어요

수도의 숨겨진 이야기

세계에는 오랜 역사를 간직한 도시, 세계의 경제를 흔들 수 있을 정도의 영향력을 가지고 있는 도시 등 수많은 도시가 있어요.

그 많은 도시 중에 수도는 영어로 'Capital City'라고 하며, 한 나라의 역사, 문화, 경제, 권력의 가장 중요한 중심지이자 중앙 정부가 있는 도시를 의미해요. 수도는 한 나라에서 가장 중요한 역할을 맡기 때문에, 보통 인구가 가장 많거나 세계적으로 잘 알려진 도시 또는 가장 발전한 도시가 선택되는 경우가 많아요.

남아프리카 공화국에는 입법, 행정, 사법의 수도가 각각 존재하고, 미국 역시 세계 최대 도시인 뉴욕이 수도가 아닙니다. 캐나다도 발달한 토론토, 밴쿠버가 아니라 지리적·정치적 이유로 작은 도시인 오타와로 결정했어요. 가끔은 어떻게 수도로 결정되었을까? 하는 궁금증이 생기는 수도들도 있지요. 호주 역시 수도를 시드니라고 알고 있는 사람들도 있지만, 실제로 호주의 수도는 남동부 내륙에 위치한 캔버라예요. 캔버라는 크지도 않고, 유명하지 않은데도 불구하고 호주의 수도로 선정되었어요.

호주는 우리나라보다 무려 78배나 큰 영토를 가지고 있으며, 과거에는 6

개의 주로 나뉜 영국 식민지였어요. 각 주는 자체적인 정부와 법률을 가지고 있었지만, 1890년대에 이르러 하나의 독립 국가를 세우기로 결정했지요. 그러나 국가를 통합하는 과정에서 가장 큰 논쟁거리가 바로 수도를 어디로 정할 것인가 하는 문제였어요.

기존 주요 도시들은 연방 수도가 자기 주에 위치하기를 바라며 경쟁이 심했어요. 특히 시드니와 멜버른은 역사적 중요성과 경제적 영향력을 내세우며 수도 자리를 놓고 치열한 논쟁을 벌였어요. 시드니는 호주에서 가장 오래된 도시이자 경제 중심지였고, 멜버른은 당시 호주의 금융과 문화의 중심지 역할을 하고 있었어요. 두 도시의 경쟁이 격화되자 호주 정부는 중립적인 해결책을 모색하게 되었어요.

그 결과, 시드니와 멜버른 사이에 위치한 황무지 같은 작은 마을 캔버라가 수도로 선정되었어요. 캔버라는 지리적으로 중립적인 위치에 있어 두 도시 간의 갈등을 해소할 수 있었습니다. 또한, '만남의 장소'라는 의미를 가진 원주민 언어에서 유래된 이름을 사용함으로써 호주의 역사와 정체성을 반영하는 상징성을 갖게 되었어요. 1913년에 공식적으로 수도로 지정되었고, 1927년에는 연방 정부가 정식으로 이전하면서 호주의 수도로 자리 잡았어요.

계획된 수도, 호주의 중심이 되다

캔버라는 바다와 접하지 않은 내륙도시로서 처음부터 계획적으로 설계된 현대적이고 효율적인 수도의 모델이 되었어요. 국회의사당을 비롯한 주요 정부 기관과 행정 시설들이 체계적으로 배치되었으며, 넓은 녹지와 공원이 도시 곳곳에 조성되어 환경친화적인 수도로 발전했어요. 또한, 호주의 주요 도시들과 비교적 균형 잡힌 거리에 위치해 있어 전국에서 국회의원과 공무원들이 이동하는 데 비용과 시간을 절약할 수 있다는 장점이 있었어요.

호주 정부는 수도를 건설하면서 자연환경을 보호하기 위해 노력했어요. 시드니나 멜버른에 비해 인구 밀도가 낮은 캔버라는 개발로 인한 환경 파괴를 최소화할 수 있었어요. 이는 호주가 자연을 보존하려는 국가적 비전을 반영한 결정이었지요.

현재의 캔버라는 호주의 정치적·문화적 중심지로서의 중요한 역할을 하고 있지만 관광이나 경제적 측면에서는 시드니나 멜버른에 비해 상대적으로 활발하지 않아 '호주에서 가장 재미없는 도시'라는 평가를 받기도 해요. 하지만 단순히 지리적 요인만으로 선택된 것이 아니라, 새로운 국가 정체성을 만들고, 지역 간 균형을 유지하기 위한 중요한 정치적 선택이었다는 점에서 큰 의미가 있어요. 캔버라는 호주의 과거와 현재, 그리고 미래를 연결하기 위한 수도의 역할을 묵묵히 이어오고 있어요.

호주 캔버라에 위치한 국회의사당

3

녹는 얼음, 떠오르는 그린란드

세계지도를 펼쳐보면 북극권에 자리한 거대하고 하얀 섬이 보여요. 대서양과 북극해 사이에 위치한 세계에서 가장 큰 섬, 그린란드예요. 오세아니아 대륙보다 커 보이지만, 사실은 섬으로 분류되는 얼음의 땅이에요. 극지방으로 갈수록 면적이 왜곡되는 단점을 가진 메르카토르 도법을 사용한

그린란드 누크시의 오로라

세계지도에서는 그린란드가 실제보다 훨씬 크게 보이기 때문에, 호주와 비슷한 크기로 착각하기 쉬워요. 하지만 실제로 호주는 그린란드보다 3배 이상 커요. 국제적으로 섬과 대륙을 구분 짓는 명확한 기준은 없어요. 학문적으로도 경계가 확실하지 않아서, 단순히 오랜 관례에 따라 그린란드보다 크면 대륙, 작으면 섬이라고 부를 뿐이에요. 대륙과 섬을 구분짓는 그 기준점이 바로 그린란드인 것이지요.

그린란드(Greenland, Grønland) 또는 칼랄리트 누나트(Kalaallit Nunaat)는 지리적으로는 북아메리카 대륙의 일부로 볼 수 있어요. 캐나다 북동쪽 가까이에 있거든요. 정치 역사적으로는 북유럽과 관계가 있는 덴마크령 섬이지요.

초록땅을 꿈꾼 개척자들

그린란드는 남극과 함께 수천 미터 두께의 빙하로 덮인 몇 안 되는 육지 중 하나예요. 연평균 기온이 −30℃에 이르며, 한여름에도 0℃ 이상으로 올라가지 않는 빙설 기후가 나타나지요. 이처럼 혹독한 환경에 사람이 살고 있을까요?

그린란드에 처음 사람이 살기 시작한 것은 기원전 2500년경으로, 이누이트들이 사냥과 채집을 통해 거주하고 있었다고 해요. 이후 서기 986년, 노르드족의 탐험가 에이리크 라우디가 그린란드에 도착하여 정착지를 세웠어요. 사실 그린란드는 대부분 눈과 얼음으로 덮여 있지만, 에이리크는 더 많은 사람들이 이주해 오기를 바라며 '초록색의 땅'이라는 의미로 Green-land라는 이름을 붙였어요. 이후 노르드족이 이 지역에 정착하기 시작했지요. 그린란드는 한반도의 10배에 달하는 면적을 가지고 있지만, 인구는 약 5만 명 내외에 불과해요. 행정 중심지는 누크(Nuuk)이고, 국토의 약 85%가 빙하로 덮여 있으며, 경작이 가능한 땅은 2%밖에 되지 않습니다. 그린란드의 주민들은 북미 원주민과 같은 민족적 뿌리를 둔 이누이트가 대다수를 차지하고 있어요. 덴마크-노르웨이 왕국의 식민지 개척 이후 현재까지 그린란드는 덴마크의 자치령으로 남아 있어요. 덴마크 왕국은 덴마크 본토, 그린란드, 그리고 페로(Faroe)제도 세 지역으로 이루어져 있는데, 이 중 그린란드는 무려 216만 6000km^{2}의 면적으로 덴마크 왕국 영토의 98%를 차지해요. 그린란드 주민들은 상당한 수준의 자치권을 보장받고 있으며, 일부 정치 세력은 완전한 독립을 주장하고 있어요. 그린란드의 자치정부는 외교와 국방, 통화정책은 여전히 덴마크에 의존하고 있으며, 연간 5억 9천 달러를 지원받고 있는 상황에서 독립을 목표로 점진적 정책을 추진하고 있어요. 이는 그린란드 연간 예산의 약 60%를 차지하는 액수라고 하네요. 그렇다면 그린란드의 독립을 현실화시키기 위해서는 경제적 기반을 강화하는 것이 가장 필요한 시점이겠지요?

녹아내리는 얼음이 바꾸는 미래

이런 상황에서 때마침 그린란드의 경제적 가치가 급부상하고 있어요. 최근 그린란드가 국제적으로 주목받고 있는 이유는 지구 온난화로 인해 빙하가 녹으면서 이름처럼 녹색의 땅으로 급격한 변화가 나타나고 있기 때문입니다. 그린란드의 동토층 아래에 매장된 석유, 천연가스 등의 자원 개발에 대한 접근성이 높아지고, 희귀 광물과 희토류 같은 귀중한 자원이 발견되면서, 그린란드에게 엄청난 경제적 이익을 가져다 줄 것으로 예상되어요. 희토류는 스마트폰, 로봇, 전기차 등을 만드는 데 필수적인 자원으로, 세계적으로 수요가 크게 늘어나고 있기 때문에 미국과 중국은 희토류 공급망을 확보하기 위해 그린란드에 관심을 기울이고 있어요.

그린란드의 경제적 가치는 새로운 항로인 북극 항로가 열리면서 더 커지고 있어요. 북극 항로를 이용하면 한국에서 유럽까지의 운송 거리가 기존 항로보다 7000km 단축되고, 소요 시간도 약 10일 정도가 줄어들어 물류 비용을 절감시킬 수 있기 때문에 경제적 효과가 엄청 커요.

또한 북아메리카와 유럽, 그리고 러시아를 잇는 중간 지점에 있는 그린란드는 군사적으로도 매우 중요한 위치에 있어요. 냉전 시대부터 전략적 요충지였지요. 미국은 이미 그린란드에 탄도미사일 조기 경보 시스템을 갖춘 군사기지를 운영하는 등 그린란드를 포함한 북극 지역에 군사기지를 확장하고 있어요. 러시아도 역시 그린란드를 전략적으로 중요하게 여기고, 북극권 내 많은 공군 기지를 보유하고 있어요. 그린란드는 지정학적 경쟁에서 중요한 지리적 요충지로 평가되면서 세계의 군사적 균형에도 영향을 미칠 수 있어요.

이처럼 현재 그린란드는 단순한 얼음의 땅이 아닙니다. 글로벌 경제와 국제 정세에 따라 미래는 크게 달라질 가능성이 있어요. 국제적 이해관계에서 중요한 전략적 위치를 차지하고 있는 그린란드의 향후 선택과 방향성에 대해 우리 모두 관심을 가지고 지켜 보아요.

새똥이 만든 기적과 저주

나우루 공화국을 아시나요?

이름마저 낯선 태평양의 섬나라이지만, 오세아니아 미크로네시아에 위치한 외딴 섬나라 나우루 공화국은 세계에서 가장 작은 독립국 중 하나예요. 나우루 공화국의 국토면적은 21km²로 우리나라의 서울 용산구 정도 크기예요. 국가 면적순으로는 세계에서 바티칸 시국, 모나코 다음으로 3번째로 작으며, 공화국 중에서는 가장 작은 국가라고 해요.

약 1만 3000여 명이 사는 나라인 나우루에는 공항이 있지만, 걸어서 5~6시간 정도, 차를 타도 30분 정도면 섬 전체를 한 바퀴 돌 수 있을 정도로 작

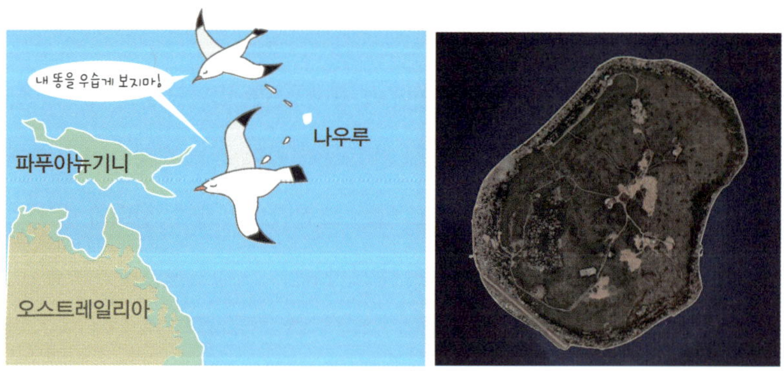

오세아니아 지역 속 나우루의 위치(좌)와 나우루 섬의 위성 사진(우)

아서 택시는 물론 버스 같은 대중교통이 없다고 해요.

나우루 공화국은 어떻게 만들어진 나라일까요? 우리가 국내 여행을 할 때 고속도로에 있는 휴게소에 들리는 것처럼 오랜 세월 동안 북반구와 남반구를 오가던 앨버트로스라는 큰 새들이 산호초 하나를 휴게소처럼 사용했어요. 이 과정이 수 만년 동안 반복되면서 새들의 똥이 산호초 위에 쌓여서 하나의 땅덩어리를 이루어 섬이 된 나라가 바로 나우루(Nauru)예요. 바다를 지나던 사람들은 섬을 발견했고, 정착하기 시작했어요. "나는 해변으로 간다"는 의미의 나우루어 '아나오에로(Anaoero)'으로 불렸는데 나중에 '나우루'로 이름이 바뀌었다고 해요. 1798년 최초로 세상에 알려진 후 호주, 독일 등이 점령했다가 1968년 독립하여 나우루 공화국이 되었어요.

작은섬에 찾아온 기적

19세기 이전까지 어업과 농업으로 살아가던 평화로운 사회였던 나우루는 새들이 준 선물인 인광석을 발견하면서 변화하기 시작했어요.

산호초, 바닷물, 새똥이 모여서 오랜 세월 동안 서로 어우러지면서 만들어진 인광석은 농업에 필수적인 비료의 주요 원료이자 화약 재료예요. 흔하지 않은 값비싼 자원이지요. 1970년대 석유 위기로 인하여 인광석을 세계 각국에 높은 가격으로 수출하기 시작하면서 나우루를 세계에서 가장 부유한 국가 중 하나로 만들어주는 마법 같은 일이 일어나기도 했어요.

20세기 중반까지 섬의 표면이 인광석으로 되어 있어 쉽게 채굴을 할 수 있던 나우루는 자원에만 의존한 나라였어요. 1980년대에는 1인당 국민소득이 3만 달러 정도였어요. 그 당시 미국은 1만 달러였으니 엄청난 부자 나라였지요. 국민들은 일하지 않아도 돈이 계속 늘어나는 행복한 상황이 일어났어요. 세금도 내지 않았고, 무상 교육, 의료 혜택과 함께 정부는 전 국민에게 매년 1억씩 생활비를 지급했다고 해요. 돈이 넘쳐나는 좁은 섬나라에는 고급 수입차가 가득했고, 자가용 비행기만 수천 대가 있었어요. 국토의 80%를 차지하는 인광석이란 자원 때문에 나우루 공화국은 보물섬이 되었어요.

국가의 경제력을 결정하는 것은 여러 가지 요인이 작용해요. 풍부한 천연자원, 우수한 인재, 유능한 지도력은 경제를 성장시키는 중요한 원동력이지요. 그러나 천연자원이 풍부하다고 해서 항상 경제가 발전하고 유지되는 것은 아니에요. 자원 개발로 인해 예상치 못한 경제 성장으로 풍요로움을 누릴 수 있지만, 이러한 소득 증대 효과는 오랫동안 지속되지 않는 경우가 많아요. 자원이 고갈되는 상황을 예측하지 않고 자원을 수출해 늘어난 소득만큼 사람들은 소비를 크게 늘리려고 해요. 자원이 고갈되거나 혹은 대체자원이 개발되기도 하면서 소득이 다시 낮아지지만, 국민들은 기존의

나우루 인산염 암석

소비 수준을 유지하려는 경향이 있어 큰 경제위기를 맞는 경우가 많아요.

사라진 인광석, 남겨진 위기

보물섬이 된 나우루 공화국의 국민은 해외여행과 쇼핑을 하고, 국가의 모든 노동은 외국인을 고용할 정도로 돈을 쓰고 즐기는 일밖에 없었어요. 자원이 준 풍요로움에 안주한 이들은 점차 근면성과 창의성을 잃어버리기 시작했어요. 1990년대 후반 들어 무분별한 자원 개발과 비효율적인 관리로 인해 인광석 매장량은 고갈되었고, 심각한 경제적 위기를 겪게 되었어요. 2017년 세계에서 가장 가난한 나라 중 하나로 추락하면서 새들이 선물로 만들어 준 보물섬은 저주로 바뀌기 시작해요.

다시 농사를 지으려 해도 농경지는 인광석 채굴로 인해 쓸모없는 땅으로 변했고, 오랜 기간 부를 즐겼던 사람들에게는 나태함과 무기력함만 남았지요. 심지어 국민의 90%가 비만과 당뇨병으로 사망률 1위 국가가 되었어요. 자원에만 의존한 나라가 미래에 대한 대비 없이 국가를 운영했을 때의 결과를 보여 주는 나우루 공화국은 무분별한 인광석 채굴과 지구 온난화의 영향으로 국토 전체가 물에 잠길 위기에까지 처한 상황이에요. 자연이 선물한 자원은 국가 발전에 중요한 기회가 될 수 있지만, 자원을 어떻게 활용하고 관리하느냐에 따라 국가 경제의 성패가 달라진다고 할 수 있어요. 자원의 저주(resource curse)를 극복하는 열쇠는 자원에만 의존하지 않고, 미래를 대비한 산업의 다각화 그리고 지속 가능한 개발을 통한 사회적 책임에 있어요. 나우루 공화국이 우리에게 주는 교훈이랍니다.

오늘과 내일 사이에 그어진 선

우리는 날짜를 구분하면서 하루하루를 살아가고 있어요. 지구는 자전과 공전을 통해 낮과 밤, 그리고 계절의 변화를 만들지요. 우리는 하루를 24시간으로 나눠서 바쁘게 보내고 있지만, 시차 때문에 시간은 나라마다 다르게 흘러가요.

하루를 바꾸는 선, 날짜변경선 이야기

각 나라 간 교류가 늘어나면서 시간 계산을 더 편리하게 통일할 필요가 있었어요. 그래서 국제회의를 통해 영국의 그리니치 천문대를 지나는 선을 경도 0도, 즉 본초자오선으로 정했고, 이 선을 기준으로 각 나라들이 정한 경선에 따라 표준 시간을 정하게 되었어요. 하루를 24개의 시간대로 나누었고, 15° 간격으로 설정되어 이 기준에 따라 1시간의 시차가 생겨요. 하지만 시차로 해결할 수 없는 현상이 있어요. 날짜에 대한 문제였지요.

지구의 자전으로 인해 생기는 시간 차이를 맞추기 위해 사람들은 가상의 선을 만들었어요. 동경 180°와 서경 180°가 만나는 지점을 따라 직선으로 가다가 도중에 구불구불하게 그어져 있는 선이 바로 날짜 변경선입니다.

가끔 날짜변경선을 지나는 항공기를 타면 도착 날짜 때문에 어리둥절할

때가 있어요. 예를 들어 인천에서 뉴욕까지 비행기를 타고 가면 약 15시간
이 걸려요. 인천에서 오전 9시에 출발했으니 15시간을 더하면, 한국 시간
으로는 밤 12시쯤 도착하겠다고 생각하게 되죠. 그런데 실제로 뉴욕에 도
착해 보면 같은 날 오전 10시쯤이에요. 이는 시차와 날짜변경선 때문이에
요. 지구는 서쪽에서 동쪽으로 자전하기 때문에, 동쪽에 있는 지역일수록
시간이 더 빨라요. 우리나라는 뉴욕보다 훨씬 동쪽에 있어서 뉴욕은 한국
보다 약 14시간 정도 느려요. 날짜변경선을 동쪽으로 넘어가면 날짜를 하
루 줄이고, 반대로 서쪽으로 넘어가면 하루를 더해요.

그렇다면 왜 날짜변경선은 직선이 아니라 바다를 따라 구불구불하게 그려
져 있을까요? 그 이유는 사람이 사는 생활권이나 나라의 경계를 고려했기
때문이에요. 예를 들어, 날짜변경선을 직선으로 그으면 키리바시(Kiribati)
라는 태평양의 섬나라는 한 나라 안에서 다른 날짜를 사용해야 했어요. 이

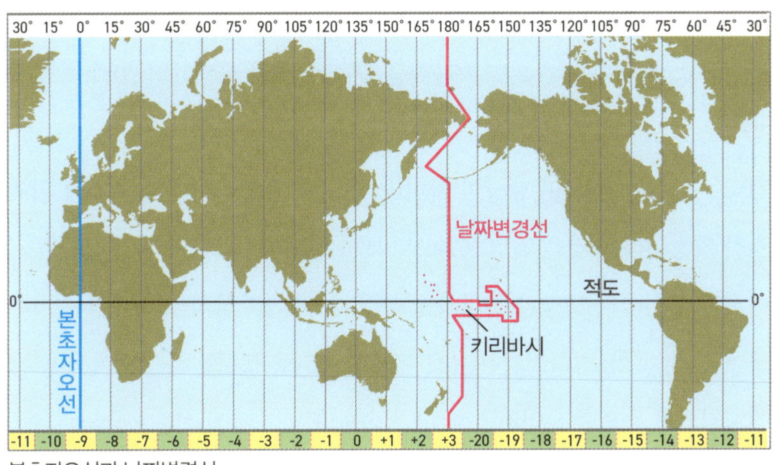

본초자오선과 날짜변경선

런 혼란을 막기 위해 1995년 키리바시 정부는 날짜변경선을 동쪽으로 이동시켜 33개의 모든 섬이 같은 날짜를 사용할 수 있게 했어요. 날짜변경선은 나라들마다의 정치적, 경제적, 문화적 필요에 따라 변경하여 구불구불한 형태로 만들어졌습니다.

시간이 말해주는 지정학

인위적으로 만들어진 날짜변경선은 필요에 따라 언제든 바뀔 수 있어요. 실제로 몇몇 나라들은 표준시간대를 수정하기도 했지요. 경제적 이유로 날짜 변경선의 변경을 요구한 남태평양의 사모아(Samoa)라는 나라는 원래 미국과 교역이 많아서 미국과 같은 날짜를 사용했어요. 하지만 시간이 지나면서 호주와 뉴질랜드 등 오세아니아 국가들과의 교류가 활발해지자, 하루의 날짜 차이가 생기는 것에 대한 불편이 컸어요. 그래서 사모아 정부는 특단의 조치를 내리지요. 2011년 12월 29일 목요일 다음 날인 30일을 생략하고 곧바로 31일 토요일로 넘어가면서 날짜변경선의 반대편으로 이동했어요. 호주와 뉴질랜드 시간대를 맞추기 위해 사모아의 2011년 12월 30일은 역사상에 사라져 버렸습니다.

결국 시간은 자연적인 현상이 아니라, 사람들이 편리하게 살아가기 위해 정한 약속이라는 것을 알 수 있어요. 특히 강대국의 영향력과 주변국들의 이해관계에 따라 모양과 위치가 달라질 수 있는 가상의 날짜변경선은 각국이 경제, 문화, 정치적인 이유로 어떻게 시간을 정하는지를 보여 주는 지정학적으로 중요한 선이라고 할 수 있습니다.

6

황제의 나라, 남극

현재 지구상에서 황제가 지배하는 나라(실제 나라는 아니지요)는 딱 한 곳 있어요. 20세기까지만 해도 여러 나라에 황제가 있었지만, 21세기에는 한 나라를 제외하고는 모두 사라졌어요. 그렇다면 황제가 지배하는 나라는 어디일까요? 바로 남극입니다. 남극을 지배하는 황제는 누구일까요? 그는 다름 아닌 혹한의 남극 대륙을 보호하고, 마음껏 활보하면서도 환경을 전혀 훼손하지 않고, 하루하루 최선을 다하면서 살아가고 있는 황제펭귄입니다. 아직 사람의 손길이 제대로 미치지 못하고 있는 지구상의 유일한 대륙인 남극은 남위 66도 이남 지구 최남단에 위치하고 있지요.

남극에 서식하는 황제펭귄

지구에서 가장 추운 지역인 남극의 평균 기온은 −55℃ 정도이고, 남극의 최저 기온 기록은 −89.2℃로 인류가 기록한 가장 낮은 온도예요. 한반도의 60배에 이르는 거대한 얼음 대륙인 남극의 98% 정도는 평균 두께 2km에 달하는 두꺼운 얼음으로 덮여 있어 태양열을 저장하지 못하고 반사하기 때문에 훨씬 더 추워요.

빙하로 둘러싸인 거대한 얼음 왕국에서 살고 있는 펭귄과 같은 동물들은 지금 지구 온난화로 인해 서식지가 위험에 노출되어 있어요. 매년 4월 25일은 '펭귄의 날'이지요. 지구상에 있는 세계적 기념일은 인류가 인정하는 절대적 기쁨과 절대적 슬픔에 관련된 것이 많아요. 펭귄의 날이 정해진 이유는 슬픔에 관한 것이에요. 최근 지구 온난화로 인해 펭귄의 개체수는 지속적으로 줄어들고 있어요. 온난화는 먹이사슬의 혼돈을 가져오고, 계속 먹었던 먹이가 사라지면 진화에 대한 준비가 되어 있지 않은 펭귄은 무척 당황스럽겠지요? 대표적인 예가 극지 연구를 하는 남극 연구소에서 황제펭귄의 배설물 색이 바뀌고 있다고 발표한 내용이에요.

크릴새우와 오징어를 주식으로 먹은 펭귄은 오렌지 또는 붉은색 변을 본다면, 지금의 펭귄은 푸른색 변을 본다는 것이에요. 지구 온난화로 먹이사슬에 문제가 생겼다는 반증이지요. 먹이사슬에 문제가 생기면 다른 것을 선택하면 되지 않느냐는 것은 인간의 생각이에요. 주식으로 먹었던 크릴새우와 오징어가 사라진 바다에서 먹이를 찾기 위해 방황하던 펭귄은 배고픔을 견디지 못하고 해조류를 먹고 있는지도 모르겠어요. 새끼의 먹이를 구하기 위해 먼 길을 갔다 돌아온 엄마 펭귄이 새끼에게 양질의 영양분을 공급하지 못하면, 새끼는 영양부족으로 생존하기 힘들 수도 있어요. 우리가 지구 온난화를 심각하게 바라봐야 하는 이유가 여기 있어요. 펭귄 한 마리에 뭘 그렇게 심각하게 고민하냐고 할 수 있지만, 펭귄의 암울한 미래는 어찌 보면 인간의 미래인지도 모르기 때문이에요.

남극을 지키는 국제사회의 약속

과거에는 영국, 뉴질랜드, 호주, 프랑스, 노르웨이, 칠레, 아르헨티나 등 7개국이 남극 대륙의 일부 지역에 대해 지리적 근접성, 역사적인 탐험 기록 등을 근거로 영유권을 주장하며 서로 경쟁했어요. 여러 나라들의 영유권 주장으로 인해 냉전 시대에 국제적인 갈등의 불씨가 될 수 있는 지역이었지만, 남극을 군사적 충돌의 대상이 아닌 협력의 공간으로 유지하려는 움직임이 나타났어요. 그 결과 1959년 미국, 소련, 영국 등 12개국이 모여 평화적인 목적과 과학적 연구에만 사용하도록 규정하는 남극조약(Antarctic Treaty)을 체결했어요. 남극조약에 의해 남극은 어느 국가의 공식적인 영토도 아니며, 특정 국가가 이 지역을 독점적으로 소유하거나 개발할 수 없어요. 따라서 남극은 과학 연구를 위한 평화로운 지역으로 사실상 국제사회가 공동으로 관리하는 특별한 지역으로 남아 있으며, 모든 연구 활동은 협력과 개방성을 원칙으로 진행됩니다.

빙하가 전하는 지구의 경고

남극 킹조지섬을 비롯한 남극 대륙 여러 곳에 세계 9개 나라에서 18개 극지연구소가 있어요. 우리나라는 남극에 세종 과학기지와 장보고 과학기지를 운영하지요. 극지연구소는 기후변화, 오존층, 유용생물자원, 대기와 해

세종 과학기지(좌)와 장보고 과학기지(우)

양의 변화를 주로 연구하며, 남극 조류의 생태계 모니터링도 하고 있어요. 세계 각국이 설치한 극지연구소에서 연구하는 것은 나라마다 다를 수 있지만, 남극의 마지막 황제인 펭귄이 멸종한 상황에서 인간인 우리의 생존은 안전할 수 있을까요? 그리고 만약 남극 대륙에 쌓여 있는 빙하가 모두 녹아서, 해수면 상승과 기후변화가 극심해진다면, 인간이 그 재앙을 과연 감당할 수 있을까요? 남극 대륙은 지정학적 위치보다는 인간에게 앞으로 지구를 어떻게 보호해야 하는지를 알려주고 고민하게 만드는 마지막 남은 '기회의 땅'이라고 생각해요.

우리 한 번만 생각해 봐요. 남극의 빙하가 모두 녹는다면 대처할 시간이 없는 많은 생물들은 멸종하는 상황이 일어나게 될 것이고, 인간도 같은 길을 갈 수 있다는 것을 고민하는 기회가 되었으면 좋겠어요. 남극의 운명은 지정학적으로 보면 다가올 미래에 대한 지구의 이정표인지도 몰라요.

빙하 속 보물을 향한 쟁탈전

북극 하면 뭐가 떠오르나요? 오로라나 백야, 북극곰이 살아 있는 곳 등 다양한 모습이 떠오르겠지만 이 책에서 다루고자 하는 것은 지정학적 북극이에요. 물론 북극은 정점의 북극인 북극점을 말할 수 있지만 지금은 지정학적 개념으로 북위 66도선 위를 기준으로 살펴보겠습니다.

북극은 위도상 66도 이상 지역을 의미하므로 반드시 북극점을 의미하는 것은 아니에요. 다만 북극에 위치한 나라가 노르웨이, 스웨덴, 핀란드, 아이슬란드, 캐나다, 러시아, 미국 북부와 그린란드(덴마크령) 같이 선진국이라는

북극해와 주변 국가의 분포와
북극 지역의 자연 환경

것에 문제가 있어요. 북극에 대해 고민하는 이유는 군사적 경제적 이유가 가장 크고, 유전과 광물 자원이 풍부한 곳이 많기 때문입니다. 그렇다면 왜 그동안은 북극 지역이 주목받지 못했을까요? 그것은 만년빙이 대륙을 뒤덮고 있고 빙상(주변 영토를 50,000km^2 이상 덮은 거대한 얼음 덩어리)의 높이가 3000m가 넘는 것도 있기 때문이에요. 빙상의 크기가 크면 자원을 개발하는 데 너무 많은 자본이 필요해요. 즉 경제성이 없다는 것이지요.

얼음이 녹으면 열리는 길, 북극항로

그런데 21세기 들어서면서 캐나다 북부와 그린란드 등 북극 지역이 영원할 것 같았던 얼음 왕국에서 벗어나고 있어요. 동토의 땅이었던 북극 지역의 얼음이 녹고 있다는 것이에요. 더구나 북위 70도에 위치한 영구 유빙 한계선도 과거의 모습에서 조금씩 후퇴하고 있어요. 이렇게 북극 지역에

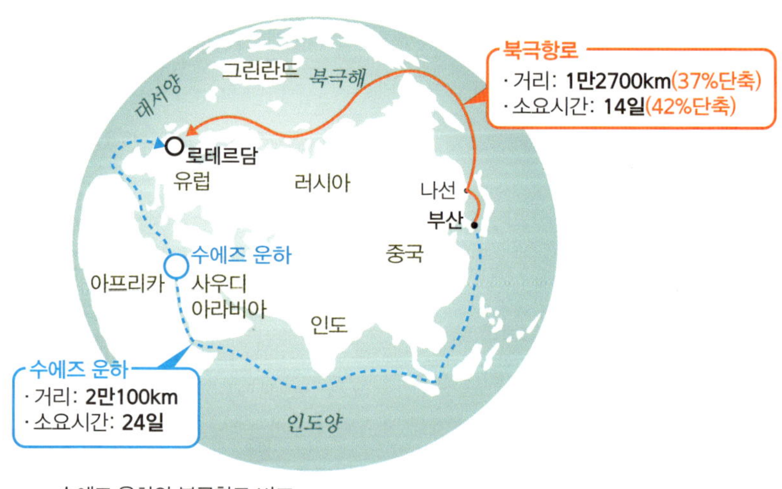

수에즈 운하와 북극항로 비교

있는 대륙빙하뿐만 아니라 바다에 떠 있는 유빙도 줄어들면서 광물이나 유전 등 자원 개발에 대한 기대감이 높아지고 있고, 유빙이 줄어들면서 북극 항로에 대한 관심이 높아지고 있어요. 북극에서 유빙은 지난 30년간 약 40%가 줄어들었어요.

북극항로는 해운물류에 엄청난 변화를 줄 수 있어요. 우리나라에서 유럽으로 가는 수출 선박은 그동안 지중해와 홍해를 잇는 이집트의 수에즈 운하를 통과하는 해상로를 주로 이용했어요. 유럽에 수출하기 위해 선박으로 2만km를 이동했다면, 북극 항로를 이용하면 1만 3000km로 약 7000km가 줄어들게 되지요. 시간은 7일에서 10일까지 절약되고 비용으로는 20억원 정도 줄어든다고 하니, 시간과 비용 절약이라는 두 마리 토끼를 잡을 수 있는 북극항로 개척은 물류에 일대 혁신을 가져올 수 있는 거지요. 다만 온난화가 진행된다 하더라도 아직 북극은 해류의 흐름에 따라 움직이는 유빙이 많고, 겨울에 접어들면 약 4개월은 운항이 어려운 단점이 있어요. 그럼에도 북극항로 개척에 관심을 기울이는 것은 아덴만이나 홍해에 해적이 많아 위험성이 높기 때문이에요. 북극항로는 해적이 없고 유럽으로 가는 거리도 짧아 본격적으로 개척된다면 물류 이동에 많은 도움이 될 것이라고 생각해요.

얼음속에 숨겨진 보물 쟁탈전

북극의 동토가 주목받는 또 다른 이유는 자원 매장량이 많다는 것이에요. 그린란드는 희토류 매장량 순위 세계 8위에 이름을 올리고 있어요. 희토류는 친환경 기술과 첨단산업에 없어서는 안될 핵심 광물이에요. 희토류는 정밀 유도무기, 전기차에 사용되는 모터, 스마트폰, 디스플레이 등 첨단제품에 들어가지 않는 것이 없을 정도로 광범위하게 사용되고 있어요. 희토류 매장량 1위인 중국이 미국과 관세전쟁에서 희토류의 수출을 전면 중단하겠다고 발표하자 전 세계가 들썩이는 이유는 첨단제품 제조에 당장 문제가 되기 때문입니다. 그런 희토류가 북극권에 상당량 매장된 것이 알려지면서 자원의 효율적 관리 및 자원 안보 차원에서 북극권의 가치가 높아지고 있는 것이에요.

이 밖에도 북극권에는 니켈, 코발트, 리튬 등 희귀 광물이 다량 매장되어 있다는 사실이 알려지고, 석유와 석탄, 철광석 매장량이 속속 발표되면서 강대국들의 자원 쟁탈전이 가속화되고 있어요. 북극이 지정학적 분쟁지역으로 새롭게 떠오르는 이유도 여기에 있답니다. 때문에 미국과 캐나다는 기존에 있던 북극 방위체제를 강화하는 방향으로 전환하고 있어요. 그만큼 각국은 미래에 있을지도 모를 자원 확보 전쟁에서 우위를 점하기 위해 노력하고 있어요.

불모지와 다름없는 동토의 땅에서 자원의 보고로 거듭난 '겨울왕국'은 빙하가 빠르게 녹으면서 앞으로 인류의 발전에 커다란 역할을 할 새로운 핵심지역으로 부상하고 있어요.

희토류에서 추출한 작은 광물들

8교시

한반도의 이야기
: 우리나라의 위치와 이웃 나라들

내가 사는 우리나라의 위치 찾기

'한반도'의 정확한 의미를 생각해 본 적 있나요? 한반도는 우리나라가 있는 땅을 부르는 이름입니다. 한국을 뜻하는 한(韓)과 반도(半島)가 합쳐진 단어이지요. 반도란 대륙에서 바다 쪽으로 튀어나온 땅을 말해요. 다시 말해 반은 대륙과 이어진 땅이고, 반은 바다에 둘러싸인 섬이라는 의미지요. '한반도'는 한민족이 살아가는 반도 지형의 땅이란 의미랍니다.

한반도는 세 면이 바다로 둘러싸여 있고 한 면은 중국과 연결되어 있어요. 한반도의 동쪽에는 동해, 서쪽에는 황해, 남쪽에는 남해가 있어요. 대한민

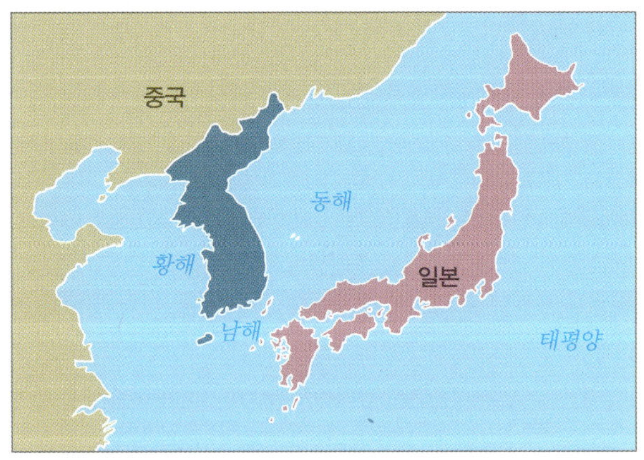

한반도와 이웃나라들

국 북쪽에는 북한이 있지만 한반도 전체를 놓고 생각해 보면 북쪽에는 중국이 있지요. 또 중국은 러시아와 연결되어 있어요. 한반도 동쪽 바다 건너편에는 일본이라는 나라도 있답니다. 이처럼 한반도는 여러 나라들 사이에 둘러싸여 있어요.

한 나라는 혼자 존재할 수 없어요. 우리나라뿐만 아니라 모든 나라는 주변에 다른 나라들과 함께 어울려 존재하고 있어요. 서로 영향을 주고받으며 살아가고 있지요. 이것을 우리는 지정학이라고 해요. 지정학이란 '나라의 위치가 어떤 영향을 주는가'를 생각하는 거예요.

한반도, 문화와 전략의 다리가 되다

사실 한반도를 세계지도에서 찾아보면 아시아 대륙의 동쪽 끝에 있는 아주 작은 나라입니다. 지구 전체로 보면 별로 크지 않은 나라여서 존재감 없는 나라라고 생각할 수도 있어요. 하지만 역사상 한반도는 지정학적으로 중요한 위치에 있었답니다. 예로부터 많은 나라들이 이곳을 지나거나 차지하려고 했던 이유도 그 때문이에요.

한반도는 중국과 일본 사이에 있어요. 그래서 중국에서 생긴 문자, 불교, 농사 기술과 같은 문화를 먼저 받아들이고 발전시켜 자신만의 멋진 문화를 만들어 냈어요. 또 이런 문화를 다른 나라에 전파하는 다리 역할도 했지요. 예를 들어 백제의 뛰어난 건축 기술자들이 일본으로 건너가 호류사(法隆寺)라는 절을 짓는 데 참여했다는 사실은 백제의 문화가 일본에 큰 영향을 주었다는 역사적인 증거랍니다.

또 한반도는 대륙과 바다를 이어주는 다리의 역할을 했어요. 그래서 무역

일본 나라현 이카루가에 있는 호류사

이나 교류가 활발할 수 있었지요. 한편으로는 전쟁의 상황 속에서 중요한 전략적 거점이 되기도 했어요. 임진왜란 때는 일본이 조선을 거쳐 명나라를 침략하려고 했고, 청나라와 러시아는 서로 한반도를 자기편으로 만들기 위해 다투었지요.

현재 한반도는 대륙과 바다를 모두 연결할 수 있는 매우 유리한 위치에 있어요. 북쪽으로는 유라시아 대륙과 연결되어 있기 때문에 통일이 된다면 기차를 타고 유럽까지 갈 수 있을 거예요. 또 남쪽으로는 태평양을 건너 미국과 연결되어 있어요. 앞으로 한반도는 세계와 연결되는 경제와 교류의 중심이 될 수 있답니다. 지금 전 세계는 서로 긴밀하게 연결된 세상이 되었어요. 그래서 우리는 우리가 살고 있는 땅이 어떤 곳인지 정확하게 알고 지정학적 장점을 전쟁이 아닌 평화와 발전에 활용해야 합니다.

<h1 style="text-align:center">옛날 옛적 한반도는</h1>

한반도에서 시작된 우리의 역사

한반도에는 언제부터 사람들이 살기 시작했을까요? 기록에 따르면 약 70만 년 전 구석기 시대부터 사람들이 도구를 만들고 불을 사용하며 살았어요. 기원전 2333년에는 단군이 세운 고조선이라는 나라가 탄생했지요. 고조선은 우리나라 역사에 처음 등장한 나라라는 데 큰 의의가 있답니다.

고조신 이후 힌반도에는 많은 나라들이 생기고 사라졌어요. 고구려, 백제, 신라가 서로 경쟁하며 성장했던 시대를 삼국시대라고 불러요. 고구려는 한반도 북쪽에 위치한 나라였어요. 지금의 중국 동북 지방인 만주까지 차지했던 고구려는 정말 강한 나라였지요. 광개토대왕과 장수왕은 힘이 센 군대를 가지고 고구려의 땅을 크게 넓히는 데 힘썼어요. 고구려의 벽화나 무덤에는 왕이 호위병들과 함께 행진하는 모습, 말을 탄 부대가 전쟁을 준비하는 모습 등이 그려져 있는데 이것은 고구려가 군사 강국이었다는 사실을 생생하게 보여 주는 역사적 증거랍니다. 백제는 한반도 서남쪽에 위치한 나라였는데, 백제 하면 특히 예술과 문화가 발달한 나라라고 알려져 있어요. 아름다운 금동대향로, 불상, 탑 등이 남아 있어서 문화의 나라라고 불리기도 하지요. 이렇게 발전한 문화를 바탕으로 바다 건너에 있는 일본에 발전된 문화를 전파해 주기도 했어요. 신라는 지금의 경상도 지역에 위치한 나라예요. 처음에는 고구려, 백제보다 힘이 약했지만 시간이 지나면서 점점 강해졌고, 결국 당나라와 손을 잡고 백제와 고구려를 차례로 무너뜨려 삼국을 하나로 통일했답니다. 이 시기를 바로 통일신라 시대라고 해요.

삼국의 경쟁과 통일, 그리고 고려와 조선의 발전

삼국시대에서 통일신라를 지나 한반도에는 고려라는 나라가 생겨났어요. 지금 우리가 사용하는 Korea라는 영어이름도 고려에서 유래된 이름이랍니다. 고려는 이웃나라인 중국, 일본은 물론이고 멀리 중동과 유럽까지도 무역을 했어요. 실크, 고려청자로 불리는 도자기, 금속 활자 등을 수출했고 외국 사람들은 놀라워했지요. 이때 외국 사람들은 고려를 발음하기 어려워 korea처럼 불렀다고 해요. 또 이탈리아의 여행가 마르코 폴로는 아

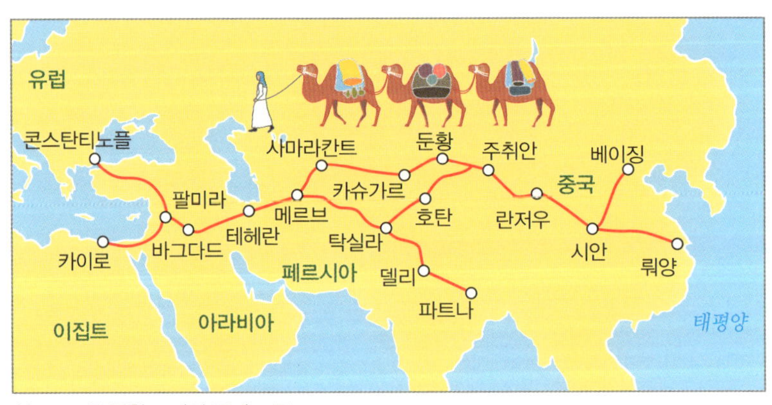

실크로드를 통한 고려의 국제 교류

시아를 여행하며 고려에 대해 글을 썼는데, 이후 유럽에도 고려(korea)의 이름이 알려지게 되었답니다.

고려 이후 한반도에는 조선이 세워졌고, 약 500년이라는 기간 동안 이어졌습니다. 조선은 유교를 바탕으로 나라의 제도와 생활 모습을 정비했어요. 임금과 신하가 함께 나랏일을 의논하였고, 백성을 위한 정치가 이루어졌지요. 농사를 짓는 백성이 나라의 근본이라 여기고, 농업을 발전시키기 위한 노력을 했답니다. 또, 학교가 세워지고 아이들이 글을 배우며 올바른 마음가짐을 기르는 교육도 중요하게 여겼어요. 세종대왕은 백성이 쉽게 읽고 쓸 수 있도록 한글을 만들기도 하였는데, 이 한글은 지금까지도 우리가 사용하는 소중한 글자예요. 조선 시대에는 과학 기술도 크게 발전했어요. 해시계와 물시계, 측우기, 혼천의 같은 과학 도구가 만들어져 시간을 재고, 비의 양을 측정하며, 별의 움직임을 살피는 데 사용되었어요. 이 밖에도 금속 활자가 발달하여 책을 빠르게 찍어낼 수 있었고, 그림과 도자기, 건축 등 예술도 발전했답니다. 이처럼 조선은 문화와 과학, 예술이 함께 꽃피운 시대였어요.

이처럼 한반도에는 다양한 나라들이 차례로 나타나면서 다양한 문화와 제도가 발전했어요. 옛날 우리 선조들이 한반도라는 땅에서 어떻게 살아 왔는지를 아는 것은 우리가 앞으로 어떤 나라를 만들어 가야 할지를 생각하는 데 큰 도움이 됩니다. 역사 속에서 한반도를 지키고 발전시켜 온 선조들의 노력과 지혜를 배우는 것이 중요한 이유가 바로 이것이에요.

중국과 일본 사이의 우리

한반도는 중국과 맞닿아 있고, 바다 건너에는 일본이 있어요. 예로부터 우리나라는 이 두 나라 사이에서 매번 어려움을 겪었어요. 고려와 조선시대에는 중국이 가장 큰 나라고, 중국은 다른 나라들이 자신을 섬기기를 원했어요. 우리나라는 전쟁을 피하고 평화를 유지하기 위해 조공을 바치기도 했습니다. 하지만 이것은 나라를 잃은 것이 아니라, 지혜롭게 나라를 지키

임진왜란 당시 일본군의 침략 경로(좌)와 병자호란 당시 청나라의 침략 경로(우)

기 위한 선택이었어요.

1592년에는 일본이 조선을 침략했어요. 이것이 바로 임진왜란이에요. 일본의 장수 도요토미 히데요시는 많은 군대를 이끌고 조선을 침략하였고, 전쟁이 갑자기 시작되어 준비가 잘 되어 있지 않았던 조선은 많은 성과 도시를 빼앗겼어요. 하지만 백성들이 자발적으로 모인 의병과 조선의 수군이 힘을 모아 일본군에 맞서 싸웠답니다. 우리가 잘 알고 있는 이순신 장군은 거북선을 이용해 바다에서 많은 승리를 거두었고, 무려 7년이나 이어진 임진왜란 동안 백성들과 함께 힘을 모아 나라를 지켜냈어요.

그 뒤인 1600년대에는 중국에서 새로 일어난 청나라가 조선을 공격했어요. 이것을 병자호란이라고 해요. 병자호란 동안 조선은 두 번이나 항복하며 큰 고통을 겪었어요. 청나라와 조선의 힘의 차이가 너무 커서 왕과 백성들이 추운 겨울 산속으로 도망치기도 했어요. 조선의 왕 인조는 남한산성에서 버티다가 청나라 황제 앞에서 머리를 숙이고 항복을 하였고 이 일은 백성들에게 큰 충격으로 다가왔어요. 이후 전쟁은 끝났지만 많은 사람들이 슬퍼했고 오랫동안 그 아픔을 기억했답니다.

나라를 빼앗긴 시대, 그리고 되찾기 위한 노력

1890년에 들어서면서 일본은 우리나라를 차지하려고 점점 간섭을 시작했어요. 처음에는 조선의 정치에 간섭을 했고, 나중에는 군대까지 보내 우리나라를 장악하려고 했어요. 결국 1905년에는 을사늑약을 맺어 외교권을 빼앗고, 1910년에는 강제로 한일병합조약을 체결하여 조선을 식민지로 만들었답니다. 그때부터 우리나라는 35년 동안 일본의 통치를 받게 되었어요.

아우내독립만세운동 기념공원의 동상

일본은 조선 사람들의 이름을 일본식으로 바꾸도록 강요했고, 학교에서는 일본어만 사용하도록 했어요. 심지어 태극기와 애국가도 금지되었지요. 쌀, 금속, 인력 등 자원도 일본으로 빼앗겼고, 많은 사람들이 강제로 노동을 하거나 전쟁터에 끌려가기도 했답니다. 하지만 우리나라 사람들은 나라를 되찾기 위해 끊임없이 싸웠어요. 1919년에는 3.1운동이 일어났고 대한민국 임시정부도 세워졌어요. 한반도뿐만 아니라 만주, 중국, 러시아 등지에서도 독립군이 활동했고, 학생운동, 문화운동 등이 이어졌어요. 결국 이러한 노력들이 모여 1945년 우리나라는 일본의 지배에서 벗어나 나라를 되찾을 수 있었답니다.

우리나라는 왜 분단될 수밖에 없었나요?

우리는 대한민국에 살고 있어요. 정확히 말하자면 남한에 살고 있는 것이지요. 지도를 보면 한반도의 윗부분에는 북한이라는 또 다른 나라가 있어요. 원래 한반도는 하나의 나라였는데, 지금은 다른 나라라고 부를 만큼 생활 방식도 다르고, 사용하는 단어나 문화도 많이 다른 북한이 존재하고 있어요. 왜 한반도는 두 나라로 나뉘게 된 걸까요?

우선 일제강점기부터 거슬러 올라가야 해요. 1910년 일본은 우리나라를 강제로 빼앗고 식민지로 만들었어요. 우리 민족의 자유를 빼앗고, 많은 사람들이 일본에 끌려가 노동을 하기도 했답니다. 하지만 1945년 제2차 세계 대전에서 일본이 졌고, 우리나라 역시 꾸준히 독립운동을 한 결과 35년 만에 일제의 통치에서 해방이 될 수 있었어요. 모두가 기뻐했고, 이제 우리 스스로 나라를 다시 세울 수 있을 거라 기대했지요. 하지만 나라를 다시 세운다는 것은 그리 쉬운 일이 아니었답니다.

당시 세계는 두 개의 큰 세력으로 나뉘어 있었어요. 하나는 미국이 중심이 되는 '자본주의 국가들'이었고, 또 다른 하나는 소련(러시아)이 중심이 되는 '공산주의 국가들'이었어요. 두 세력은 서로의 생각과 생활 방식이 너무 달라서 서로를 이해하지 못했어요. 따라서 자주 싸우기도 했지요. 이것을 '냉전'이라고 불러요. 우리나라는 해방되었지만 아직 나라를 이끌 정부가 없었기 때문에, 정부가 만들어질 때까지 미국과 소련이 한반도를 잠시 나눠서 관리하기로 했어요. 북쪽은 소련이, 남쪽은 미국이 맡았고 그 경계는 북위 38도선이에요.

원래는 임시로 나눈 것이었지만 시간이 흐를수록 남쪽과 북쪽은 점점 달라지기 시작했습니다. 북쪽에서는 소련의 도움을 받은 김일성이 중심이 되어 공산주의 방식으로 나라를 만들고 싶어 했고, 남쪽에서는 미국의 도움을 받은 이승만이 중심이 되어 자본주의 방식으로 나라를 만들고 싶어 했어요. 북쪽과 남쪽은 서로의 생각이 달라서 점점 더 멀어지게 되었고, 끝내 하나의 정부를 함께 세우자는 데 뜻을 모으지 못했어요. 결국 1948년 남한에서는 대한민국이 먼저 세워졌고, 이어서 북한에서도 조선민주주의인민공화국이라는 이름으로 나라가 세워졌어요. 이로써 한반도에는 남한과 북한이라는 두 개의 나라가 생기게 되었답니다.

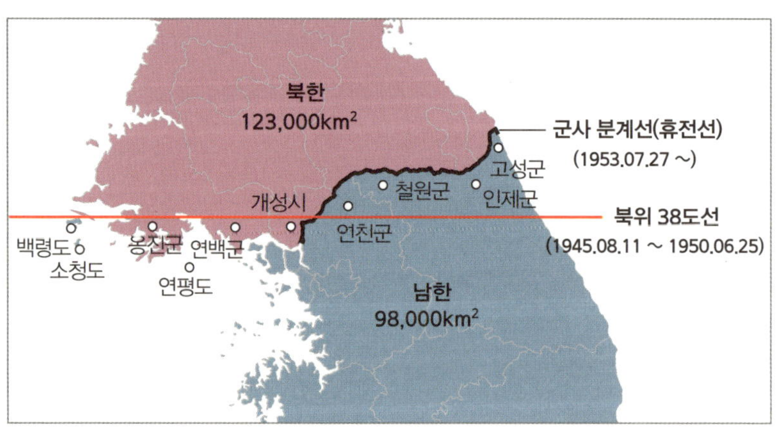

38°선과 휴전선: 한반도 분단의 두 기준선

6.25 전쟁, 그리고 계속된 분단의 아픔

하지만 이것이 끝이 아니었어요. 1950년 6월 25일. 북한이 갑자기 남한을 공격하면서 전쟁이 시작되었어요. 바로 6.25 전쟁이에요. 전쟁은 미국과 중국이 합세하면서 점점 더 커졌어요. 3년이란 긴 시간 동안 전쟁은 지속되었고 이로 인해 수 많은 사람들이 목숨을 잃고 마을과 도시가 무너졌어요. 결국 1953년 정전 협정을 맺고 전쟁은 멈췄지만 어디까지나 '전쟁을 멈춘 상태'일 뿐, 완전히 화해하고 평화롭게 협정을 맺은 것은 아니에요. 그렇기에 우리는 한반도에 함께 살고 있지만 서로 오고 갈 수는 없는 상황에 놓여 있답니다. 분단은 단순히 지도가 갈라진 것이 아니라, 사람들의 마음도 갈라지게 만든 슬픈 역사입니다.

➕ 더 알아보기

DMZ가 뭐예요?

6·25 전쟁이 끝난 뒤, 남과 북은 잠깐 전쟁을 멈추기로 약속했어요. 그래서 서로의 군대가 들어가지 못하는 지역을 만들었는데, 그곳을 비무장지대(DMZ(Demilitarized Zone), 디엠지)라고 해요.

이곳은 길게는 약 250km나 이어져 있고, 철조망이 둘러져 있어서 사람은 쉽게 들어갈 수 없어요. 하지만 오랫동안 사람이 살지 않았기 때문에 동물과 식물이 마음껏 자라며 자연이 되살아났답니다. 그래서 지금은 멸종 위기의 동식물들이 모여 사는 커다란 자연의 쉼터가 되었어요. 두루미, 고라니, 수달 같은 동물들이 자유롭게 뛰놀고, 사계절마다 다른 꽃과 나무가 자라나지요.

DMZ는 전쟁의 흔적 속에서도 평화와 생명이 살아 숨 쉬는 특별한 장소가 되었답니다.

우리나라와 이웃 나라들

주변 나라들과 깊은 인연

우리나라는 아시아의 동쪽에 있어요. 우리나라는 반도이기 때문에 삼면은 동해, 서해, 남해에 둘러싸여 있고, 한 면인 육지는 북한을 통해 중국과 러시아와 이어져 있어요. 그리고 바다 건너에는 일본이 있지요. 예로부터 우리나라는 가까운 이웃 나라들과 서로 영향을 주고 받으며 지내 왔어요. 좋은 일도 있었고 어려운 일도 있었답니다. 우리나라는 전쟁과 외교, 무역 등 여러 방면에서 중요한 땅으로 여겨졌어요. 바로 중국, 일본, 러시아 같은 나라와 이웃해 있었기 때문이에요.

중국은 우리나라 바로 위쪽에 위치한 나라예요. 옛날부터 중국은 땅도 넓고 인구도 많아 힘이 센 나라였어요. 그래서 고려와 조선시대에는 중국과 평화로운 관계를 유지하기 위해서 조공을 바치기도 했어요. 하지만 중국의 속국이었던 적은 없었어요. 고려와 조선의 조공은 중국을 존중한다는 의미였고, 우리만의 문화와 제도를 지키며 독립적인 나라로 존재했어요. 특히 한글, 과학기술, 의학, 예술 등 우리나라 고유의 문화를 지키고 발전시켰어요.

중국은 지금도 우리나라의 가장 큰 무역 상대국이에요. 우리가 만든 휴대전화나 자동차, 전자제품을 많이 수출하고, 반대로 중국에서 물건도 많이 수입해요. 한국과 중국은 경제적으로 아주 중요한 관계를 맺고 있어요. 다만 때로는 역사 문제나 외교 문제로 갈등이 생기기도 합니다. 예를 들어 우리나라 문화를 중국의 것이라고 주장하는 일이 바로 그것이에요. 최근에는 고구려의 역사가 중국의 역사라고 주장하는 일이 있었는데, 우리는 정확한 사실을 바탕으로 역사 문제를 슬기롭게 해결해야 해요.

일본은 바다 건너 있는 섬나라입니다. 우리나라를 침략해서 괴롭힌 시절도 있었지만 지금은 서로 경제나 문화로 교류를 하고 있지요. 우리나라는 일본과 삼국시대 때부터 문화와 기술을 주고 받았어요. 조선시대에는 통신사를 보내 외교를 이어갔지만, 일제강점기에는 많은 상처를 받았답니다. 35년의 일제강점기 동안 우리나라 사람들은 나라를 되찾기 위해 끊임없이 독립운동을 했어요. 그래서 지금도 일본과는 강제 징용이나 위안부 문제로 갈등이 남아 있습니다. 또한 독도의 영유권을 놓고 다툼이 이어지고 있어요. 우리는 독도가 우리 땅이라는 사실을 분명히 하면서도 평화로운 해결을 위해 노력해야 하는 숙제가 남아 있답니다.

러시아는 북쪽에 있는 나라입니다. 땅이 아주 넓고, 추운 나라로 북한과 가까운 관계를 맺고 있는 나라 가운데 하나예요. 북한은 우리와 한민족이지만, 오랫동안 따로 살고 있어요. 떨어져 살아온 시간이 길어진 만큼 서로의 생각과 문화가 많이 달라요. 그래서 서로 다른 생각으로 나라를 운영하고 있기 때문에 아직 하나가 되지 못했어요.

이웃과 어울리는 법을 배우는 한반도

이처럼 한반도는 주변의 나라들과 아주 밀접한 관계를 맺고 있어요. 어떤 때는 힘을 모아 좋은 일을 하기도 하지만, 어떤 때는 생각이 달라 갈등을 겪기도 하지요. 그래서 우리는 지혜롭게 이웃 나라들과 어울리는 법을 배워야 합니다. 우리나라는 더 이상 동쪽의 작은 나라가 아니에요. 경제적으로 큰 성장을 이뤘고 문화 강국으로 이름을 알렸습니다. 이제는 주변 나라들에 의해 휘둘리는 나라가 아니라 평화를 위해 목소리를 낼 수 있는 나라가 되었지요. 우리가 이웃 나라들과 어떻게 좋은 관계를 맺을 수 있을지 고민하고 실천하는 것, 그것이 바로 지정학을 이해하는 첫걸음이 될 수 있습니다.

지정학을 넘어선 K-콘텐츠

전 세계를 사로잡은 K-콘텐츠

요즘 전 세계에서 한국의 노래, 드라마, 영화, 게임이 큰 인기를 끌고 있어요. 이런 한국 문화를 K-콘텐츠라 부르며 많은 사람들이 한국의 문화를 즐기고 있어요. K-콘텐츠란, 대한민국(Korea)의 콘텐츠(문화 내용물)를 뜻해요. 노래를 따라 부르고, 드라마 속 장면을 따라 하며, 한국 음식을 먹어 보는 등 K-콘텐츠는 이제 전 세계 사람들의 일상 속에서 자연스럽게 찾아 볼 수 있게 되었지요.

먼저, K-팝(K-pop) 이야기를 해 볼까요? K-팝은 한국에서 만들어진 대중음악이에요. 방탄소년단(BTS)이나 블랙핑크와 같은 아이돌 그룹들은 해외에서 엄청난 인기를 얻고 있어요. 노래와 춤도 멋지고, 무대도 화려해서 외국 사람들이 굉장히 좋아하는 K-콘텐츠 가운데 하나입니다. BTS는 미국의 유명한 시상식에서 상도 받고, 전 세계를 돌며 콘서트를 열기도 했어요. K-드라마도 세계적으로 유명해졌어요. 예전에는 한국 드라마를 아시아에서만 좋아했지만, 지금은 유럽, 남미, 중동, 아프리카까지 한국 드라마를 시청한답니다. 〈오징어 게임〉 같은 드라마는 넷플릭스를 통해 전 세계에서 동시에 방영되기도 했어요. 사람들이 한국어를 배우고 싶어 하는 이유 중 하나도 바로 이런 드라마들 덕분입니다.

전통과 창의력이 만나 만들어 낸 문화의 힘

그런데 한국은 땅도 작고, 세계에서 눈에 띄는 위치에 있는 나라도 아닌데, 어떻게 전 세계 사람들에게 사랑받는 문화로 자리 잡을 수 있었을까요?

예전에는 문화가 전파되는데 지정학적인 위치가 아주 중요한 역할을 했어요. 나라가 어디에 있느냐, 어떤 이웃 나라들과 연결되어 있느냐에 따라 발전할 수 있는 기회가 달랐지요. 예를 들어 바다 근처에 위치한 나라는 무역을 통해 다른 나라와 쉽게 연결될 수 있었고, 대륙의 중심에 있는 나라는 인접한 나라들과 교류하며 문화가 퍼졌습니다.

한국은 중국, 일본, 러시아 같은 강한 나라들 사이에 있는 작은 반도 나라입니다. 그래서 예전에는 "한국은 세계 중심이 되기 어려워"라고 생각하는 사람들이 많았어요. 하지만 지금은 시대가 많이 달라졌습니다. 이제는 '어

디에 있느냐'보다 '어떤 이야기를 하느냐'가 더 중요한 시대가 되었거든요. 통신과 교통이 발달하면서, 지리적인 거리나 크기 같은 문제는 예전보다 훨씬 쉽게 극복할 수 있게 되었어요. 이런 변화 속에서 우리나라는 '이야기할 준비'를 오래전부터 해 오고 있었답니다.

K-콘텐츠는 어느 날 갑자기 생겨난 것이 아니에요. 삼국시대부터 조선시대까지, 아주 오랜 시간 동안 우리가 만든 고유한 문화가 그 바탕이 되었어요. 고구려의 벽화, 백제의 아름다운 예술품, 신라의 황금 유물, 그리고 조선의 한글과 한복, 궁궐과 건축까지 수천 년 동안 이어져 온 전통과 문화가 지금의 K-콘텐츠를 받쳐 주는 튼튼한 뿌리가 된 것입니다. 문화란 공장에서 물건을 찍어내듯 만들 수 있는 게 아니라, 오랜 시간 사람들의 삶 속에서 천천히 자라납니다. 때문에 튼튼한 뿌리를 가지고 있는 K-콘텐츠는 단지 유행에만 그치지 않고 오래도록 사랑을 받을 수 있는 문화로 자리 잡을 수 있었어요.

우리나라는 지성학적으로 불리한 위치에 있었지만, 문화와 창의력으로 그 벽을 넘어섰어요. 이것이 바로 K-콘텐츠의 힘이에요. K-콘텐츠는 오랜 역사와 전통, 그리고 지금을 살아가는 사람들의 창의력이 함께 만든 멋진 결과랍니다.

9교시

지구촌 이해하기

세계지도 탐험: 이웃 나라 탐방

아시아의 이웃 나라를 만나볼까요?

우리가 사는 지구에는 많은 나라가 있어요. 지구는 여섯 개의 대륙으로 나뉘어 있고, 각각의 대륙에는 다양한 나라들이 모여 살고 있답니다. 우리나라, 일본, 중국은 아시아 대륙에 있어요. 이 나라들은 서로 가까운 곳에 있어서 배나 비행기를 타면 쉽게 갈 수 있습니다.

먼저 일본을 살펴볼까요? 애니메이션과 만화가 아주 유명하고, 초밥 같은 음식이 유명해요. 일본도 우리나라처럼 벚꽃 축제가 인기여서 봄이면 사람들이 공원에 모여 꽃놀이를 즐겨요. 또 놀이공원과 온천도 인기가 아주 많답니다.

중국은 땅이 매우 넓은 나라예요. 사람도 아주 많고, 오랜 역사와 다채로운 전통문화를 지닌 나라지요. 만리장성이라는 긴 성벽은 유네스코 세계유산이기도 해요. 또 중국 음식은 세계적으로 인기가 많은데, 우리가 즐겨 먹는 짜장면도 중국 음식의 영향을 받아 만들어진 음식이랍니다. 중국은 설날을 '춘절'이라고 부르며 온 가족이 모여 만두를 빚고, 맛있는 음식을 먹으며 폭죽을 터뜨려요. 가족과 함께 소원을 빌기도 하고, 우리의 한복과 같은 중국 전통 옷인 치파오를 입기도 하며 즐거운 시간을 보낸답니다.

지구 곳곳의 다양한 문화를 알아봐요

이제 아시아를 벗어나 다른 대륙도 살펴볼까요? 아프리카 대륙은 다양한 부족 문화와 언어가 있는 멋진 대륙이에요. 이곳에는 피라미드와 스핑크스가 유명한 이집트라는 나라가 있어요. 피라미드는 이집트 왕인 파라오를 위해 만든 무덤이에요. 또한 사자의 몸에 사람 얼굴을 한 조각상인 스핑크스는 신비로운 분위기를 자아내고 있답니다. 이집트는 세계에서 가장 오래된 문명을 가진 나라 중 하나입니다.

유럽 대륙에는 프랑스, 독일, 영국 같은 나라들이 있어요. 대륙 전체가 박물관이라고 해도 될 만큼 유럽에는 역사적인 건축물과 미술관, 박물관이 많고 다양한 언어와 문화가 함께 어우러져 있어요. 프랑스는 에펠탑이 유명해요. 에펠탑은 파리 한가운데에 세워진 아주 높은 철탑인데, 프랑스를 상징하는 건축물이랍니다. 낮에는 멋진 도시 풍경을 내려다볼 수 있고, 밤

이 되면 반짝이는 조명과 함께 아름다운 야경을 경험할 수 있지요. 또 프랑스는 빵이 유명해요. 버터 향이 풍부하고 겹겹이 결이 살아있는 크루와상은 프랑스를 대표하는 빵 가운데 하나랍니다. 이 외에도 독일은 자동차와 축구가 유명하고, 영국은 왕실과 빨간색 이층 버스로 유명하답니다.

북아메리카 대륙은 '멜팅팟(Melting Pot)'이라고도 불리는데, 다양한 인종과 문화가 함께 어우러진 곳이라는 뜻이에요. 북아메리카에는 미국과 캐나다가 있어요. 미국에서 가장 유명한 도시는 자유의 여신상이 있는 뉴욕이에요. 자유의 여신상은 미국의 자유와 희망을 상징하는 미국의 대표적인 건축물이랍니다. 캐나다는 단풍나무가 많고, 겨울 스포츠가 발달한 나라입니다. 친절한 사람들이 많기로 유명한 나라이기도 하지요.

자연과 음악, 축제가 풍부한 남아메리카에는 브라질이라는 나라가 있어요. 브라질은 축구를 아주 잘하는 나라로 FIFA 축구대회에서 무려 5번이나 우승을 했답니다. 그리고 삼바 축제로도 유명해요. 브라질은 아마존강과 열대우림도 있어서 자연이 아주 풍부한 나라예요.

오세아니아에는 호주가 있어요. 호주의 수도는 시드니로 오페라하우스에서는 음악회나 연극, 무용 공연 같은 문화 예술 행사가 자주 열린답니다. 또 캥거루와 코알라가 살고 있고, 바닷가에서 서핑을 즐기는 사람들도 많아요.

이처럼 세계에는 다양한 나라들이 있고, 각 나라에는 그 나라만의 멋진 문화와 자연, 사람들이 살고 있어요. 하나의 지구에 함께 살아가는 친구로서 나라, 피부색, 언어가 달라도 서로를 이해하고 존중할 수 있는 진정한 세계 시민이 되어보는 것은 어떨까요?

세계의 다양한 문화와 소통

나라마다 다른, 특별한 문화 이야기

문화란 사람들이 살아가는 방식이에요. 예를 들면, 옷을 어떻게 입는지, 무엇을 먹는지, 어디에서 사는지, 또는 어떻게 인사하는지와 같은 것들을 의미해요. 다른 나라에 가면 평소 우리가 하던 것과 다른 모습을 쉽게 볼 수 있어요. 심지어 우리와 아주 가까운 나라인 일본만 가도 우리와 많이 다르다는 것을 알 수 있지요. 세상에는 아주 다양한 문화를 가진 나라들이 많이 있답니다.

몇 가지 예를 들어볼까요? 인도에서는 손으로 밥을 먹는 문화가 있어요. 물론 깨끗하게 손을 씻고 먹기 때문에 전혀 문제 될 것은 없지요. 인도에서는 왼손은 깨끗하지 않다고 생각하기 때문에, 주로 오른손으로 식사하거나 물건을 건네지요. 프랑스에서는 볼에 뽀뽀를 하며 인사하는 문화가 있어요. 이것을 '비쥬(bise)'라고 하는데 친한 친구나 가족 사이에서 서로의 친밀함을 표현하는 방식으로 많이 사용하고 있어요. 왼쪽 볼과 오른쪽 볼에 차례대로 뽀뽀를 하는데, 사람마다 몇 번 뽀뽀하는지 지역에 따라 다르기도 해서 처음 비쥬 인사를 나눌 때는 헷갈릴 수가 있어요. 하지만 프랑스 사람들에게는 친근함을 나타내는 따뜻한 인사랍니다. 사우디아라비아 같

전통적인 남인도 음식은 바닥에 있는 질경이 잎에 얹어 손으로 먹는다.

은 아랍 문화권에서는 이슬람 율법에 따라 하루에 여러 번 기도를 하기도 하지요. 이처럼 문화는 그 나라의 종교나 역사와도 깊은 관련이 있어요.

다름은 틀림이 아니라 특별함이에요

우리나라에서는 보통 고개를 숙이고 "안녕하세요"라는 말과 함께 인사를 해요. 하지만 다른 나라에서는 손을 흔들기도 하고, 악수를 하기도 해요. "Hello"라고 말하기도 하고, "곤니치와(こんにちは)!"라고 말하기도 하지요. 문화가 다르다고 이상하거나 틀린 것은 아니에요. 그 나라만의 특별한 생활 방식인 거예요. 우리는 그런 다름을 이해하고 존중해야 해요. 우리는 세계 여러 나라의 문화를 배우고 친구들과 함께 소통하며, 지구촌의 일원으로 성장하기 위해 노력해야 합니다. 다름은 틀림이 아니라, 특별함이라는 말을 기억하면서요.

글로벌 이슈

전 세계가 함께 겪는 어려움, 글로벌 이슈

지구에는 수많은 사람들이 함께 살아가고 있어요. 그래서 때로는 모두가 함께 겪는 어려운 문제들이 생기기도 한답니다. 이런 문제들을 '글로벌 이슈'라고 해요. 다시 말해 전 세계인들이 함께 겪는 중요한 문제라는 뜻이에요. 지금 우리가 겪고 있는 글로벌 이슈는 무엇이 있을까요?

가장 먼저 떠오르는 것은 역시 기후 변화예요. 기후 변화는 한 나라만의 문제가 아닌 전 세계 사람들이 함께 걱정해야 할 큰 문제랍니다. 북극의 얼음이 녹고, 지구가 점점 더워지면서 폭염, 가뭄, 홍수 같은 이상한 날씨가 자주 생겨요. 이러한 현상을 '지구 온난화'라고 해요. 북극곰들은 살아갈 터전을 잃어가고, 섬나라들은 바닷물이 높아져 사라질 위험에 놓여 있어요. 폭염으로 인해 나무가 말라 죽거나 농작물이 아예 자라지 않기도 해요. 이러한 이상 기후는 동물과 사람 모두에게 큰 영향을 주고 있어요. 따라서 많은 나라에서는 '탄소중립'을 목표로 나무를 심고, 전기를 아껴 쓰며, 일회용품을 줄이려고 노력하고 있어요. 우리도 가까운 곳은 걸어 다니거나, 텀블러를 쓰는 등 지구를 위해 할 수 있는 일을 찾아 실천하려는 노력이 필요합니다. 작은 행동 하나하나가 모이면 큰 변화를 만들 수 있어요.

또 다른 글로벌 이슈로는 전쟁과 난민이 있어요. 2022년에 시작된 러시아와 우크라이나 사이의 전쟁은 우크라이나 사람들을 '난민'으로 만들었어요. 전쟁 때문에 살던 집을 떠나야 했고, 난민이 된 어린이들은 학교도 가지 못하고 안전하지 않은 곳에서 살고 있어요. 많은 사람들이 따뜻한 집을 잃고 고통을 받는 상황이에요. 그래서 전쟁을 멈추고 모두가 평화롭게 지내는 것이 아주 중요하답니다.

전염병도 글로벌 이슈 중 하나입니다. 코로나19처럼 전 세계에 동시에 퍼지는 전염병은 모두가 함께 조심해야 해요. 코로나19를 극복하기 위해 전 세계 사람들은 힘을 합쳐 노력했어요. 모두 함께 마스크를 쓰고 손을 씻는 등 우리가 할 수 있는 작은 일에 힘을 합쳤었지요.

세상을 바꾸는 작은 실천, 지금 우리가 할 수 있는 일

이 밖에도 가난과 교육 부족의 문제, 해양 오염, 산불, 쓰레기 문제 등 다양한 글로벌 이슈가 있어요. 이런 문제들은 한 나라의 힘으로는 해결하기 어려워요. 그래서 전 세계 사람들이 서로 힘을 합쳐 노력해야 해요. 쓰레기를 줄이고, 물을 아껴 쓰고, 친구들과 함께 '지구를 지켜요!' 같은 캠페인을 해 보는 것이지요. 세상을 바꾸는 일은 멀리 있는 게 아니라, 바로 우리의 관심과 실천에서 시작돼요. 지금 당장 시작해 볼까요? 아주 간단해요. 공책을 꺼내고 연필을 잡고, '나무 한 그루 심기', '물 아껴 쓰기'와 같이 '내가 지금 할 수 있는 일'을 한 가지 써 보는 거예요.

국제 기구 역할 탐구 노트

모두를 위해 힘을 모은 국제기구

지구촌에는 많은 나라들이 있어요. 그리고 지금 이 시간에도 끊임없이 크고 작은 문제들이 일어나고 있지요. 가난하거나 도움을 요청하는 나라들도 있어요. 그래서 여러 나라가 힘을 모아 단체를 만들었답니다. 그것을 우리는 '국제기구'라고 해요. 국제기구는 전 세계 여러 나라가 함께 만든 기관이에요. 서로 싸우지 않고 평화롭게 지낼 수 있도록 도와주고, 도움이 필요한 어려운 나라를 도와주기도 하지요. 국제기구는 다양한 분야에서 여러 가지 역할을 하는 만큼 종류도 다양해요.

가장 유명한 국제기구는 '유엔(UN)'이에요. 유엔은 1945년에 전쟁을 막고 평화를 지키기 위해 만들어졌어요. 그 해는 제2차 세계 대전이 끝나고, 우리나라가 일제강점기에서 벗어난 해이기도 합니다. 지금은 유엔에는 190개가 넘는 나라가 참여하고 있어요. 전쟁이 나려는 두 나라 사이에서 전쟁을 하지 않도록 서로 이야기하게 도와주고, 전쟁이 시작된 지역에는 평화유지군(파란 헬멧을 쓴 군인들)을 보내 더 큰 싸움을 막기도 해요. 또 가난한 나라를 돕고, 어린이를 보호하며, 지구 환경을 지키는 일까지 유엔에서는 정말 많은 일을 하고 있어요. 또 다른 국제기구로는 '세계보건기구

(WHO)'가 있어요. 세계보건기구는 사람들의 건강을 지켜주는 일을 하고 있어요. 전염병이 생기면 정보를 나누고 백신을 개발하는 데 도움을 줘요. 또 아프리카와 같이 깨끗한 물과 위생이 부족한 지역에 비누와 의약품을 보내기도 한답니다. 어린이들을 위한 국제기구도 있어요. 바로 '유니세프(UNICEF)'예요. 학교에 못 가는 아이들을 도와주고, 깨끗한 물이나 음식을 보내주기도 해요. 아이들이 안전하게 자라 꿈을 이룰 수 있도록 도와주는 멋진 기구랍니다.

우리도 함께할 수 있어요

이 외에도 세계 곳곳에는 세계무역기구(WTO), 올림픽 대회를 주최하는 국제올림픽위원회(IOC), 국제 환경 보호 단체인 그린피스(GREENPEACE) 등 많은 국제기구가 있어요. 이런 기구들은 어른들만 참여하는 단체가 아니에요. 우리도 세계시민으로서 관심을 가지고, 응원의 메시지를 보내거나 캠페인에 참여하는 방법으로 국제 구의 활동에 함께 할 수 있어요. 국경을 넘어 서로를 돕고 함께 살아가려는 마음이 바로 진정한 세계시민의 모습입니다.

유엔

세계보건기구

유니세프

그린피스

국제올림픽위원회

지구촌 문제 해결사:
갈등 해결 워크숍과 평화 캠페인

9월 21일, 국제 평화의 날을 아시나요?

여러분, 9월 21일이 무슨 날인지 알고 있나요? 이날은 바로 유엔(UN)이 정한 '국제 평화의 날'이에요. 전 세계 사람들이 전쟁 없이 평화롭게 살아가는 세상을 함께 꿈꾸며 폭력과 싸움을 멈추고 서로를 이해하는 방법을 생각해 보는 날이랍니다.

지구에는 다양한 나라와 사람들이 함께 살아가요. 하지만 서로의 생각과 문화가 다르다 보니 때때로 갈등이나 다툼이 생기기도 하지요. 그럴 때 우리는 어떻게 하면 좋을까요? 바로 서로의 이야기를 듣고 이해하려고 노력하는 거예요. 이것이 바로 '평화'를 만들어 가는 첫걸음이라고 생각해요. '국제 평화의 날'에는 전 세계 곳곳에서 평화를 기원하는 다양한 행사가 열려요. 유엔의 반기문 전 사무총장은 뉴욕에 있는 '평화의 종'을 울리며 평화를 바라는 마음을 전했답니다.

어린이들도 평화를 만들어 가기 위한 다양한 활동에 참여할 수 있어요. 학교에서는 평화에 관한 그림을 그리거나, 서로를 배려하는 방법에 대해 이야기할 수 있지요. 또 '전쟁을 멈춰요!', '모두가 친구가 되어요!' 같은 문구를 쓰고, 그림을 그리거나 캠페인 활동을 할 수도 있답니다.

또 우리나라 외교부에서는 2020년 3월, 코로나19로 전 세계 사람들이 힘들어하던 때에 "모두 함께 이겨내자"는 마음을 담아 '견뎌내자(Stay Strong)' 캠페인을 시작했어요. 이 캠페인은 기도하는 모양의 두 손에 비누 거품이 더해진 그림과 'Stay Strong'이라는 문구가 적힌 팻말을 들고 사진을 찍는 방식이에요. 그 사진을 SNS에 올리고, 다음에 참여할 사람을 지목하면서 릴레이처럼 이어지는 캠페인이랍니다. 이 작은 행동은 "우리 모두 힘을 모아 이 어려움을 이겨내자"는 따뜻한 응원의 메시지를 전했어요. 처음에는 외교부에서 시작했지만, 연예인, 운동선수, 선생님, 그리고 시민들까지 많은 사람들이 참여하며 전 세계로 퍼져 나갔던 캠페인이었어요.

작은 실천이 모여 만드는 큰 평화

전 세계 사람들은 지구촌 문제를 해결하기 위해 다양한 노력을 하고 있어요. 국제기구를 만들기도 하고, 갈등을 해결하기 위한 워크숍을 열거나 캠페인을 펼치기도 하지요. 우리도 지구촌의 소중한 구성원으로서 평화와 환경, 인권 같은 지구촌 문제에 관심을 가지고 작은 실천을 통해 함께 하도록 해요.

우리나라의 외교 정책 담당자

외교란 무엇일까요?

'외교'라는 말이 조금 어려울 수 있지만 쉽게 말하면 다른 나라와 잘 지내기 위한 약속과 대화를 하는 것을 말해요. 그리고 이런 일을 하는 사람을 '외교관'이라고 해요. 다시 말해 우리나라가 다른 나라와 사이좋게 지낼 수 있도록 도와주는 사람이에요. 우리나라의 외교 정책은 한반도의 지정학적 위치를 바탕으로 정해지며 이것을 잘 이해하고 조율하는 것이 외교 정책 담당자, 즉 '외교관'의 중요한 역할이에요.

외교관은 어떤 일을 할까요?

외교관은 다른 나라에 우리나라의 문화를 알리고, 경제, 환경, 평화에 대한 이야기를 해요. 또 갈등이 생겼을 때 서로 오해하지 않도록 중간에서 대화를 통해 해결을 도와주는 일을 한답니다. 외교부에서는 이런 외교 업무를 맡아서 하고 있어요. 다른 나라와 서로 돕는 약속을 하거나, 무역이나 환경 보호 같은 문제를 함께 해결해요. 또 북한과의 관계를 평화롭게 유지하려고 노력하고 있지요. 우리나라는 항상 주변 나라들과의 관계를 고려해야 해요. 예를 들어, 북한과의 관계, 미국과의 동맹, 중국과의 무역 등 다

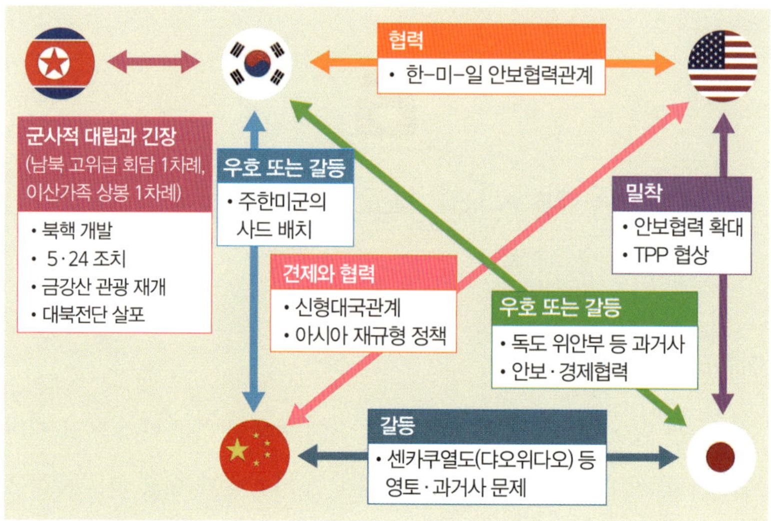

한–미–중–일 외교구도

양한 요소를 신중하게 다뤄야 하지요.

우리나라가 만약 섬나라였다면 지금보다 바다를 지키는 외교가 더 중요했을 거예요. 또 주변에 가까운 나라가 없었다면 다른 나라와의 관계를 맺는 데 시간을 많이 투자했을 거예요. 하지만 우리는 중국, 일본과 같이 강한 나라들 사이에 있고, 북한과 함께 한반도를 나누어 살고 있어요. 그래서 우리나라 외교관들은 지정학적 위치를 고려하여 똑똑한 판단을 내려야 하는 막중한 임무를 가지고 있답니다.

외교관이 되려면 여러 나라의 문화를 잘 이해하고, 서로 다른 언어를 공부하는 것도 중요해요. 하지만 무엇보다도 다른 사람을 이해하고 존중하는 따뜻한 마음이 필요하답니다.

한반도 통일, 어떻게 이끌까?

우리나라는 지금 남한과 북한으로 나뉘어 있어요. 하지만 원래는 하나의 나라였지요. 남북 분단은 전쟁과 역사적인 이유로 생긴 아픈 현실이랍니다. 남과 북은 오랫동안 떨어져 살았지만 같은 말을 쓰고, 같은 문화를 가진 한민족이에요. 그래서 많은 사람들이 언젠가는 다시 하나가 되기를 바라고 있어요.

하지만 통일은 단순히 38선을 없애고 땅을 하나로 잇는 일이 아니에요. 통일은 서로를 이해하고, 다름을 존중하며 함께 살아갈 마음을 준비하는 과정이에요. 오랫동안 교류가 없었기 때문에 법, 돈, 학교 제도, 생활 방식 등 많은 것이 달라졌어요. 그래서 이런 차이를 하나로 만들기 위해선 시간과 노력, 그리고 열린 마음이 꼭 필요해요.

우리나라는 중국, 일본과 관계를 맺으며 살고 있어요. 또 미국과 러시아와의 관계도 중요하지요. 이런 위치 때문에 한반도의 평화는 주변 나라에게도 큰 관심거리랍니다. 다시 말해 북한과의 관계는 남북만의 문제가 아니라 미국, 중국, 일본, 러시아와의 관계에도 영향을 줍니다. 따라서 통일을 준비할 때는 우리나라와 주변 나라들이 함께 이야기하며 협력해야 해요.

현재 우리나라는 전쟁 없는 한반도, 그리고 평화로운 통일을 위해 다양한 노력을 하고 있어요. 오랫동안 헤어져 지낸 가족들이 다시 만날 수 있도록 남북 이산가족 상봉을 추진하기도 하고, 북한에 식량이나 약이 부족할 때 도와주는 일도 하고 있습니다. 또 음악, 체육, 역사 연구 등 문화 교류를 제안하기도 하고, 유엔 등 국제기구와 협력하여 통일을 준비하고 있지요.

평화를 위한 준비, 우리 모두의 몫이에요

통일은 어른들만의 일이 아니에요. 미래를 살아갈 어린이들의 일이기도 해요. 북한을 바르게 배우고 편견 없이 이해하려고 노력하는 것이 중요합니다. 서로 다른 생각과 모습은 당연하기에 존중하는 연습을 해야 한답니다. 평화의 소중함을 알고, 다툼보다는 대화를 먼저 해 보려는 마음가짐을 가져야 해요. 이렇게 우리 마음속에 평화의 씨앗을 심는 일이 바로 통일의 첫걸음이에요. 이러한 첫걸음을 통해 우리는 준비된 통일의 주인공이 될 수 있을 거예요.

좌로부터: 제1회 북한이탈주민의 날 기념식 개최, 한반도 미래 심포지엄 개최, 통일 문화행사 '통하나 봄'

미래의 지정학

이너 스페이스(Inner Space), 심해를 탐사하다

미지의 세계라고 하면 많은 사람들이 우주를 먼저 떠올릴 거예요. 하지만 사실 지구 안에도 우주처럼 미지의 세계가 있습니다. 바로 '심해(深海, deep sea)'라는 곳이지요.

인간은 아주 오래전부터 하늘을 올려다보며 별을 꿈꿔 왔지만, 바다 깊은 곳을 들여다보기 시작한 것은 비교적 최근의 일이랍니다. 바닷속은 빛도 닿지 않고, 엄청난 수압이 존재하는 험난한 환경이기 때문이지요. 상상할 수 없는 위험을 무릅쓰고도 심해를 처음으로 궁금해한 이들은 어떤 사람들이었을까요?

1858년, 영국 해군의 챌린저호가 인류 최초로 본격적인 심해 탐사를 시작했어요. 대서양, 태평양, 인도양을 누비며 바닷속 깊이를 측정하고, 해저 생물과 지질을 조사했지요. 이 탐사의 결과로 해저에 거대한 골짜기와 산맥이 존재한다는 사실이 밝혀졌고, 과학은 한 걸음 더 나아가게 되었습니다. '챌린저 심해'라는 이름은 이 탐사를 기념해 붙여진 것이에요.

하지만 심해는 여전히 인류에게 만만한 곳이 아니었습니다. 잠수함도 닿지 못하는 수천 미터 깊이에는 인간이 직접 내려갈 수 없었지요. 그래서 개발된 것이 바로 ROV(Remotely Operated Vehicle, 원격조종 무인 잠수정)입

ROV 중 하나인 Deep Discoverer가 해저를 탐사하는 모습.

니다. ROV는 사람이 타지 않고도 심해를 탐사할 수 있게 해 주는 특별한 로봇이에요. 두 개의 로봇 팔과 샘플러, 다양한 센서들을 이용하여 생물학적, 지질학적, 수질 샘플을 수집하고 염도, 수온, 깊이, 용존 산소 등 해양의 물리적 특성을 측정해요. 선박 위에서 조종사가 조종하면, ROV는 긴 케이블에 연결되어 바닷속을 자유롭게 돌아다닐 수 있답니다. 심해의 물고기, 해저 지형, 그리고 숨겨진 자원들을 조사할 수 있게 된 것이지요.

이 기술을 활용한 가장 유명한 사례 중 하나가 바로 타이타닉호 탐사입니다. 1912년 북대서양에서 침몰한 타이타닉호는 오랫동안 사람들의 상상 속에만 존재했어요. 그런데 1985년, ROV를 이용한 심해 탐사팀이 마침내 타이타닉호의 잔해를 발견하는 데 성공했습니다. 깊은 바닷속, 빛 한 점 없는 어둠 속에서도 타이타닉호는 여전히 그 장엄한 모습을 간직하고 있었지요. ROV는 이후 심해 자원 탐사, 해양 구조 활동, 그리고 해양 과학 연구에 없어서는 안 될 존재가 되었어요. 지금도 수많은 과학자와 기술자들이

ROV를 통해 '이너 스페이스', 즉 지구 내부의 미지의 세계를 탐험하고 있답니다.

주인이 없는 바다, 지구상의 마지막 경계

인류가 바닷속의 비밀을 하나씩 밝혀가는 지금도, 지구에는 여전히 누구의 것도 아닌 곳이 남아 있어요. 그중 하나가 바로 공해(公海, High Seas)입니다. 공해란, 어느 나라의 영토에도 속하지 않은 바다를 말해요. 모든 나라가 자유롭게 항해하고, 어업을 하고, 과학 조사를 할 수 있는 곳이지요. 하지만 자유롭다는 것은 때로는 위험을 부르기도 합니다. 누구에게도 속하지 않으니, 규칙을 지키지 않는 나라나 기업이 자원을 무분별하게 채취하거나 환경을 파괴할 가능성이 있지요.

국제사회는 이런 문제를 해결하기 위해 여러 가지 약속을 만들었어요. 가장 대표적인 것이 유엔해양법협약(UNCLOS)입니다. 이 협약은 1982년에 체결되어, 바다를 어떻게 사용할지에 대한 국제적인 규칙을 정했어요. 예를 들어, 한 나라의 해안에서 200해리(약 370km)까지는 배타적 경제수역(EEZ)으로 인정해서 그 안의 자원은 해당 나라가 독점적으로 이용할 수 있도록 했지요. 하지만 200해리 바깥, 즉 공해는 여전히 누구의 것도 아니에요. 그래서 최근에는 공해에 대한 추가적인 보호 조약을 만들자는 움직임도 활발해지고 있답니다. 누구의 것도 아닌 공간이지만, 모두의 미래를 위해 책임 있게 사용해야 한다는 의견에 공감하는 이들이 많아지고 있어요.

한편, 심해(Deep Sea) 역시 새로운 경쟁의 무대가 되고 있습니다. 바다 깊은 곳에는 귀중한 광물 자원이 숨어 있어요. 망간단괴, 코발트, 니켈 같은

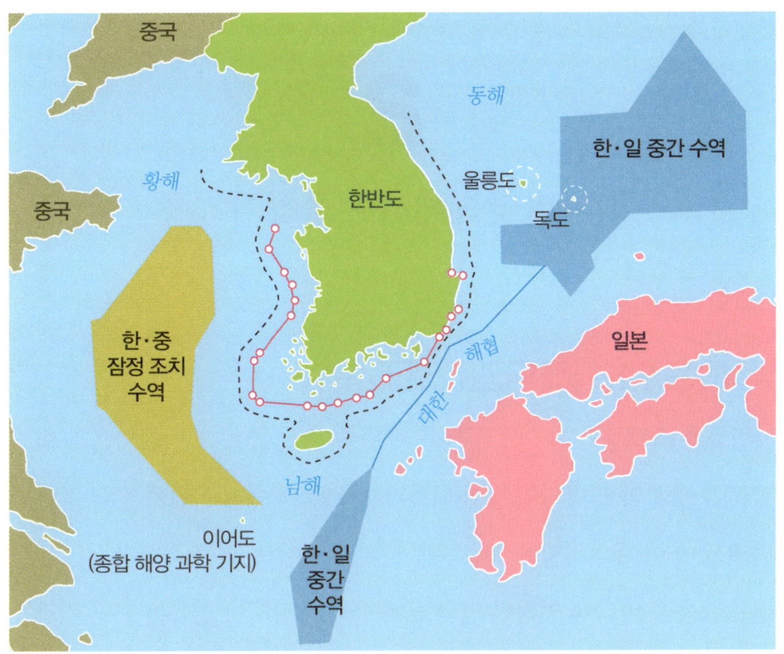

한·일 중간수역. 양국의 베타적 경제수역(EEZ)가 준첩되는 지역으로 수역이 겹쳐 어업 분쟁이 발생할 것을 우려해 그 사이의 수역을 공동 관리하기로 합의하여 설정되었어요.

금속들이 심해 바닥에 매장되어 있지요. 이 자원을 확보하려는 경쟁은 이미 시작되었습니다. 하지만 심해는 인간이 아직 완전히 이해하지 못한 곳이에요. 깊은 바닷속 생태계는 매우 섬세하고, 한번 파괴되면 회복하기 어렵지요. 그래서 심해 자원 개발을 두고, 기회의 땅일지 보호해야 할 마지막 땅일지를 놓고 국제사회에서도 치열한 논쟁이 벌어지고 있어요.

바다는 인간에게 무한한 가능성을 주는 동시에, 무한한 책임도 요구하고 있습니다. 우리는 과연 이 광활한 푸른 경계를 어떻게 지켜 나가야 할까요?

바닷속에서 보물찾기

뉴질랜드 앞바다에 금광이 있다고요?

사람들은 오랫동안 땅속에서 금을 캐 왔습니다. 금은 그 아름다움과 희귀성 덕분에 부와 권력의 상징이 되었지요. 그런데 이제 사람들은 금을 찾기 위해 땅이 아니라 바닷속으로 눈을 돌리고 있어요. 최근 과학자들은 뉴질랜드 북동쪽 바다에 엄청난 양의 금과 은이 매장되어 있다는 연구 결과를 발표했습니다. 몇몇 기업들은 바로 이를 채굴하기 위해 준비를 시작했어요. 바닷속에서 금을 캐는 상상, 정말 신기하지 않나요? 실제로 해저에는 금뿐만 아니라 은, 구리, 아연 등 다양한 광물들이 매장되어 있어요. 특히, 열수구(블랙 스모커) 주변에서는 뜨거운 물이 뿜어져 나오면서 광물이 뭉쳐진 광석 덩어리들이 발견되곤 하지요. 덕분에 이곳은 마치 바닷속 보물 창고처럼 느껴지기도 한답니다.

하지만 해저 광물 채굴에는 아직 해결해야 할 문제가 많아요. 그중 하나는 기술적인 어려움입니다. 바닷속 수백, 수천 미터 깊이에서 광물을 캐내는 것은 상상 이상으로 복잡하고 위험한 일이지요. 또 다른 문제로는 환경 파괴에 대한 우려입니다. 해저 생태계는 아주 오랜 시간에 걸쳐 만들어진 곳인데, 무리한 채굴이 이 생태계를 파괴할 수 있기 때문이지요.

뉴질랜드 앞바다의 금광 개발은 이런 문제들로 인해 논쟁의 중심에 서 있습니다. 경제적 이익을 추구할 것인가, 아니면 자연을 보호할 것인가? 지금도 이 문제를 놓고 정부, 기업, 과학자, 환경운동가들 사이에서 뜨거운 논의가 이어지고 있어요.

바닷속 금을 찾는 모험은 아직 끝나지 않았습니다. 하지만 이 모험이 과연 인류에게 축복이 될지, 아니면 또 다른 위기가 될지는 앞으로 우리가 어떤 선택을 하느냐에 달려 있답니다.

독일의 17번째 주가 태평양?

바다 한가운데, 눈처럼 소복이 쌓여 있는 검은색 돌멩이들이 있어요. 겉보기엔 평범한 돌 같지만, 이 안에는 인류가 꼭 필요로 하는 귀한 금속들이 가득 들어 있습니다. 이 돌의 이름은 바로 망간단괴(Manganese Nodule)로 망간, 니켈, 코발트, 구리 같은 금속 성분들이 4,000m 밑의 깊은 바닷속에서 압력에 의해 뭉쳐져 만들어진 광물입니다. 핵을 중심으로 둥근 형태로 자라는데 백만 년에 몇 밀리미터 정도의 속도로 자라요. 여기 포함된 금속들은 전기차 배터리, 스마트폰, 인공위성 등 첨단 기술에 꼭 필요한 재료라

바닷속 보물 망간단괴

서 전 세계가 이 자원에 주목하고 있지요. 망간단괴가 가장 많이 발견되는 곳이 바로 태평양 심해입니다. 이곳은 마치 바닷속 보물창고처럼 망간단괴가 광활하게 퍼져 있지요. 그래서 일부 사람들은 태평양 심해를 현대판 골드러시의 무대라고 부르기도 합니다.

1980년대, 독일은 이 기회를 놓치지 않고 유엔 국제해저기구(ISA)의 승인을 받아 태평양의 특정 구역에서 망간단괴 탐사를 시작했어요. 독일 언론은 이 지역을 '독일의 17번째 주'라고 부르기도 했지요. 원래 독일에는 16개 주만 있는데, 심해까지 자기 땅처럼 여겼다는 의미입니다. 하지만 심해 개발은 아직 기술적으로도, 윤리적으로도 해결할 과제가 많아요. 망간단괴를 채굴하려면 해저를 긁어내야 하는데, 이 과정에서 해저 생태계가 심각하게 파괴될 수 있지요. 또, 누구의 땅도 아닌 바다를 누가 개발할 권리가 있는지에 대한 논쟁도 계속되고 있답니다. 이 때문에 독일을 비롯한 여러 나라들은 지금도 개발과 보호 사이에서 고민하고 있어요. 망간단괴를 캐내는 일이 인류의 미래를 밝히는 길이 될지, 아니면 또 다른 환경 재앙의 시작이 될지, 아직 아무도 확신할 수 없기 때문이지요.

이 액체가 위험하지 않다고? - 블랙 스모커

바다 깊은 곳, 빛 한 줄기조차 닿지 않는 심해. 그곳에서 마치 검은 연기가 치솟는 것처럼 무언가가 뿜어져 나오고 있어요. 이것이 바로 블랙 스모커(Black Smoker)예요. 블랙 스모커는 해저 열수구(hydrothermal vent) 중 하나로, 뜨거운 물이 지하 암석을 통과하며 금속 성분을 녹여낸 뒤 바닷물 속으로 뿜어져 나오는 현상이에요. 이때 뿜어져 나오는 물의 온도는 무려

300~400℃에 달하지요. 과학 시간에 물은 100℃에서 끓는다고 배웠겠지만, 심해에서는 압력이 워낙 높아 훨씬 더 높은 온도에서도 액체 상태로 있을 수 있어요. 검은 연기처럼 보이는 것은 금속 성분이 물속에서 빠르게 식으면서 생긴 미세한 입자들입니다. 이 입자들이 모여 까만 기둥처럼 솟아오르는 모습은 정말 신비롭지요.

블랙 스모커 주변은 놀랍게도 생명으로 가득합니다. 햇빛 하나 없는 그곳에서도 튜브웜, 게, 새우 같은 생물들이 살아 가고 있어요. 이 생명체들은 빛을 얻을 수 없으니 광합성 대신 화학합성(chemosynthesis)을 통해 에너지를 얻습니다. 따라서 블랙 스모커는 과학자들에게도 큰 관심 거리예요. '지구상 최초의 생명체가 이런 환경에서 탄생했을지도 모른다'는 가설이 있기 때문이지요. 게다가 블랙 스모커 주변에는 금, 은, 구리 같은 귀금속들이 농축되어 있어 자원 개발 측면에서도 주목받고 있답니다. 하지만 동시에 많은 과학자들은 경고하고 있어요. 이런 독특한 생태계를 함부로 건드리면, 인간은 지구의 신비 중 하나를 영원히 잃어버릴지도 모른다는 이유로 말이지요.

심해의 블랙 스모커. 뜨겁고 위험하지만, 어쩌면 생명의 비밀을 품고 있을지 모르는 이 신비로운 세계를 우리는 어떻게 대해야 할까요?

아름답고 위험한 물질, 메탄 하이드레이트

심해 바닥에는 망간단괴나 블랙 스모커만 있는 것이 아니예요. 얼어붙은 땅속에는 얼음처럼 하얀 덩어리들이 존재한답니다. 손으로 잡으면 마치 눈덩이 같지만, 이 안에는 강력한 에너지가 숨겨져 있어요. 이 물질의 이름은 메탄 하이드레이트(Methane Hydrate)로 차가운 온도와 높은 압력 아래에서 메탄가스가 물 분자와 엉켜 얼음처럼 굳어버린 것입니다. 그래서 '불타는 얼음(burning ice)'이라고도 불리지요. 실제로 성냥불을 가까이 가져가면 얼음덩어리에서 파란 불꽃이 타오르는 모습을 볼 수 있어요. 메탄은 천연가스의 주성분이기 때문에, 메탄 하이드레이트는 미래의 에너지 자원으로 주목받고 있답니다. 게다가 심해에는 상상을 초월할 만큼 엄청난 양의 메탄 하이드레이트가 묻혀 있어요. 일부 과학자들은 지구가 가진 에너지 자원의 절반 이상이 메탄 하이드레이트에 있으며, 인류에게 새로운 에너지 혁명을 일으킬 것이라고 말하기도 한답니다.

하지만 동시에 이 물질은 지구 환경에 큰 위협이 될 수도 있어요. 메탄은 이산화탄소보다도 25배 이상 강력한 온실가스이기 때문에 만약 심해 지반이 흔들리거나, 기후 변화로 바닷물이 따뜻해지면서 대량의 메탄이 한꺼번에 방출된다면, 지구는 급격한 기후 변화를 겪을 수도 있어요. 게다가 메탄 하이드레이트를 채굴하는 기술은 아직 완벽하지 않아요. 잘못하면 해저가 붕괴하거나, 대형 사고로 이어질 위험도 있지요. 그래서 과학자들은 '메탄 하이드레이트는 아름답지만, 조심해야 할 보물이다.'라고 경고해요. 결국 우리가 이 놀라운 에너지원을 어떻게 다루느냐에 따라 인류의 미래가 달라질 수도 있을 것입니다.

불타는 얼음 메탄 하이드레이트(좌)와 생명체의 기원 블랙 스모커(우)

암흑 속에서 살아가던 지구의 주인들

햇빛이 전혀 닿지 않고, 산처럼 무거운 수압이 지배하는 심해는 지구에서 가장 깊고 어두운 곳이에요. 온도는 냉장고처럼 차갑고, 먹을 것도 거의 없는 척박한 환경이지요. 그런데도 이런 극한의 환경에서 살아가는 생명체들이 있어요. 심해 생물들은 지구의 다른 어떤 생명체보다 독특하고 놀라운 모습을 보여 줍니다. 몸이 투명하거나, 형광빛을 내거나, 날카로운 이빨을 가진 생물들도 많아 마치 외계 생명체를 보는 것 같은 느낌을 주지요. 예를 들어, 심해 아귀는 머리에 작은 빛이 나는 촉수를 달고 다니면서 이를 흔들어 먹잇감을 유인한 뒤 날카로운 이빨로 덥석 물어 버립니다. 심해 거미게는 다리가 몸보다 훨씬 길어서 거미처럼 느릿느릿 움직이며 먹이를 찾지요. 이와 같이 심해 생물들은 빛 없이 살아가기 위한 특별한 무기를 가지고 있어요. 예를 들어 어두운 심해에서는 눈 대신 다른 감각이 발달하거나, 스스로 빛을 만들어 내는 발광 능력을 지닌 경우가 많습니다. 누군가는 빛으로 먹이를 유혹하고, 누군가는 빛으로 적을 놀라게 해서 도망치기도 하지요.

심해 생물들은 또 다른 이유로도 주목받고 있어요. 바로 이들이 지구 초기 생명체의 모습을 간직하고 있을 가능성 때문이지요. 수십억 년 전, 지구가

촉수를 이용해 사냥하는 심해 아귀(좌)와 다리가 긴 심해 거미게(우)

아직 젊었을 때 이와 비슷한 환경에서 최초의 생명체가 탄생했을지도 모른다는 연구가 있어요. 따라서 어둠, 차가움, 고압, 고독. 이 모든 것을 견디며 살아가는 심해 생명체들은 마치 살아 있는 화석이라고 할 수 있지요. 지구의 오래된 기억을 품은 이 놀라운 존재들 덕분에 우리는 생명의 신비를 조금씩 더 이해할 수 있게 되었답니다.

희망일까 경고일까

지구 표면의 약 70%가 물로 덮여 있는 만큼 바다는 인류의 삶, 그리고 국가의 흥망성쇠에 깊은 영향을 미치는 중요한 공간입니다. 영국은 19세기 산업혁명 이후 막강한 해군력을 바탕으로 '해가 지지 않는 나라'가 되었어요. 미국 역시 20세기 이후 강력한 해군을 갖추고 세계 최강국으로 자리 잡았지요. 이처럼 돌아보면, 바다를 지배한 나라가 세계를 이끌어 왔음을 알 수 있습니다. 하지만 오늘날의 바다는 세계화와 기술 발전으로 바다는 무역, 자원, 안보 등 다양한 영역에서 새로운 가치를 가지게 되었어요. 때문에 현대의 국가들은 군사력뿐만 아니라 과학기술, 경제력까지 동원해 바다를 지배하려 해요. 이제 '바다를 지배하는 자가 세계를 지배한다'는 말은 단순한 구호가 아니라 현실이 되었지요.

심해는 금속, 가스, 귀중한 자원들이 가득해 끝없는 가능성의 땅으로 불립니다. 그래서 세계 각국은 아직 누구의 것도 아닌 바다 밑 보물을 먼저 차지하려는 움직임을 점점 더 활발히 펼치고 있지요. 2000년대 초반, 한국과 일본은 동해의 한 해역을 두고 긴장 상태에 놓인 적이 있어요. '한일 중간선' 부근, 특히 오키나와 해구 지역에서 메탄 하이드레이트가 대량으로 발견되었기 때문입니다. 양국은 서로 자기 나라의 권리를 주장하며 탐사와 개발을 시도했지만, 결국 공동 탐사에 합의하게 되었어요. 이 사례는 바다 밑 광물 자원을 둘러싼 갈등이 얼마나 민감한 문제인지 잘 보여 줍니다.

또 2007년에는 러시아가 북극해 해저, '로모노소프 해령'에 자국 국기를 꽂는 사건이 있었어요. 심해 탐사 잠수정을 이용해 해저 4,000m 아래에 금속 깃발을 세운 이 장면은 전 세계 뉴스에 등장하며 큰 충격을 주었지요. 이 지역에는 막대한 석유와 가스 자원이 숨겨져 있을 것으로 추정되기 때문에 러시아가 북극해 해저가 자국의 대륙붕과 연결되어 있다고 주장한 것이지요. 하지만 캐나다, 덴마크(그린란드), 미국 등 다른 나라들도 북극 자원에 관심을 보이며 갈등이 계속되고 있어요.

이처럼 심해 자원을 둘러싼 경쟁과 갈등이 커지자, 세계는 규칙을 만들기로 했어요. 그 결과 만들어진 것이 바로 국제해저기구(ISA, International Seabed Authority)입니다. 국제해저기구는 1994년 유엔해양법협약

러시아가 영유권을 주장하는 2개의 지역. 러시아는 잠수정 2대를 북극 심해 로모노소프 해령으로 파견하여 티타늄으로 만들어진 러시아 국기를 꽂았어요. 이 사건으로 북극의 영유권 분쟁이 시작되었지요.

(UNCLOS)에 따라 설립 되었으며, '지구의 바다 밑은 전 인류의 공동 자산'
이라는 원칙 아래 심해 탐사와 개발을 조정하는 역할을 맡고 있어요. 어떤
나라도 마음대로 심해 자원을 가져가서는 안 되고, 정해진 규칙에 따라 모
두가 이익을 나눠야 한다는 것이지요.

하지만 논란은 여전히 많습니다. 심해 개발을 막아야 한다는 환경단체들
의 목소리, 반대로 에너지 위기를 해결하기 위해 개발이 필요하다는 주장,
그리고 강대국들의 보이지 않는 경쟁까지. 심해는 이제 단순히 '미지의 세
계'가 아니라, 미래 지정학의 새로운 전장이 되고 있어요. 인류의 접근 방
식에 따라 심해는 희망이 될 수도, 또 다른 갈등의 불씨가 될 수도 있지요.
앞으로 이 경계를 어떻게 다루느냐에 따라 지구의 미래가 달라질지도 모
릅니다.

진짜 우주로, 이번에는 Outer Space다!

우리는 바다라는 미지의 세계를 탐험하며, 지구가 아직 다 알려지지 않은 신비로 가득 차 있다는 것을 알게 되었어요. 하지만 인간의 호기심은 여기서 멈추지 않았지요. 바다보다도 더 깊고, 더 머나먼 곳을 향하다 보니 그 시선은 결국 하늘 위, 우주로 향하게 되었습니다.

다음 경계는 어디일까요? 지구 바깥으로, 미래의 지정학은 또 다른 무대를 준비하고 있습니다.

어디부터 어디까지가 우주일까요?

하늘은 매일 우리 눈 앞에 펼쳐지지만, 진짜 '우주'는 어디서부터 시작될까요? 과학자들은 지구의 대기권을 벗어난 약 100km 위, '카르만 라인(Kár-mán line)'이라는 가상의 경계를 우주의 시작점으로 정하고 있어요. 국제항공연맹(FAI)에서는 이 카르만 라인을 지구와 우주의 경계로 공식적으로 채택하고 있지요. 이 고도는 비행기가 양력을 얻을 수 있는 한계이기도 해요. 그 너머부터는 대기권이 끝나고 본격적인 우주 공간이 펼쳐집니다.

카르만 라인은 헝가리계 미국인 과학자 시어도어 폰 카르만의 이름에서 따온 것으로, 1960년대부터 우주와 대기권의 경계를 정의하는 기준으로 널리 사용되고 있어요. 미국 항공우주국(NASA) 등 일부 기관에서는 80km 이상을 우주로 보기도 하지만, 국제적으로는 100km가 가장 널리 받아들여지는 기준이에요.

이렇게 대기권을 벗어나 카르만 라인을 넘으면, 그곳부터가 바로 우주라고 불린답니다. 우주에는 공기가 없어 소리를 들을 수 없고, 숨도 쉴 수 없지요. 바다도, 산도, 나무도 없지만, 끝없이 펼쳐진 별들과 행성, 은하와 블랙홀이 가득한 신비로운 세계가 펼쳐집니다. 우주는 텅 빈 공간처럼 보이지만, 사실은 우리가 상상할 수 없는 수많은 비밀과 가능성이 숨어 있는 곳이에요.

하늘을 먼저 차지하라!!

1969년, 아폴로 11호가 달에 착륙했을 때 닐 암스트롱은 "한 인간에게는 작은 발걸음이지만, 인류에게는 거대한 도약이다"라는 유명한 말을 남겼습니다. 하지만 곧 사람들은 이런 질문을 던지기 시작했어요.

'만약 누군가 달을 먼저 차지한다면, 그 땅은 누구의 것이 될까?'

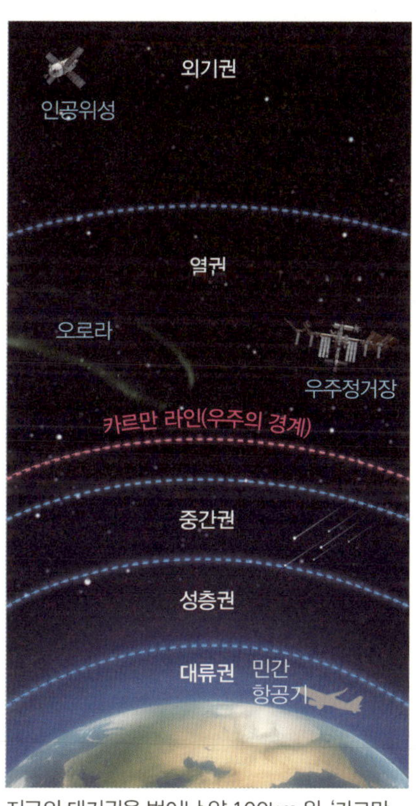

지구의 대기권을 벗어난 약 100km 위, '카르만 라인'의 바깥을 우주라고 해요.

우주는 모두의 것일까요? 아니면 먼저 간 나라가 주인이 될까요? 이런 고민 끝에 세계 여러 나라는 1967년 '우주조약(Outer Space Treaty)'을 만들었어요. 이 조약은 다음과 같은 내용을 담고 있습니다.

우주는 모든 인류의 공동 자산이다.
어떤 나라도 우주 공간이나 천체(달, 화성 등)를 소유할 수 없다.
우주는 오직 평화적인 목적으로만 이용해야 한다.

이 조약 덕분에 우리는 지금까지 비교적 평화롭게 우주를 탐사해 올 수 있었습니다. 하지만 세상은 빠르게 변하고 있지요. 미국은 민간 기업들과 함께 달과 화성 개발을 적극적으로 추진하고 있고, 일론 머스크의 스페이스X는 화성 이주와 도시 건설이라는 거대한 꿈을 현실로 만들기 위해 도전하고 있어요. 중국 역시 자체 우주정거장을 세우고, 달 뒷면 착륙에도 성공하는 등 우주 강국을 넘어 우주 패권을 꿈꾸고 있답니다.

이제 사람들은 우주도 언젠가는 치열한 경쟁의 무대가 될 수 있다고 생각합니다. 우주는 우리 모두의 꿈을 담은 공간이지만, 동시에 국가 간 경쟁과 갈등이 벌어질 수 있는 새로운 지정학의 무대이기도 하니까요.

미래의 우주는 과연 어떤 모습이 될까요? 모두가 함께 나누는 평화의 공간이 될지, 또 다른 경쟁의 장이 될지는 앞으로 우리의 선택과 준비에 달려 있습니다.

이 세상에서 가장 평화로운 장소, 국제우주정거장

지구를 도는 거대한 실험실, 바로 국제우주정거장(ISS, International Space Station)이에요. 이곳은 인류가 우주에서 이룬 가장 큰 과학적·기술적 성과 중 하나지요. 1998년 첫 모듈이 발사된 이후, 미국, 러시아, 일본, 캐나다, 유럽 우주국(ESA) 등 여러 나라가 힘을 모아 공동으로 운영하고 있는 공동 프로젝트로 '하늘 위의 마을'이라고 불리기도 하지요. ISS는 지구 400km 상공을 약 90분마다 한 바퀴씩 돌며, 축구장 크기의 공간 안에서 우주인들이 생명과학, 물리학, 의학, 심지어 예술 실험까지 다양한 연구를 수행하고 있습니다.

무엇보다 특별한 점은, 지구에서는 서로 경쟁하거나 갈등을 겪는 나라들이 ISS에서는 한 팀이 되어 함께 생활하고 일한다는 사실이에요. 미국과

국제우주정거장(ISS)

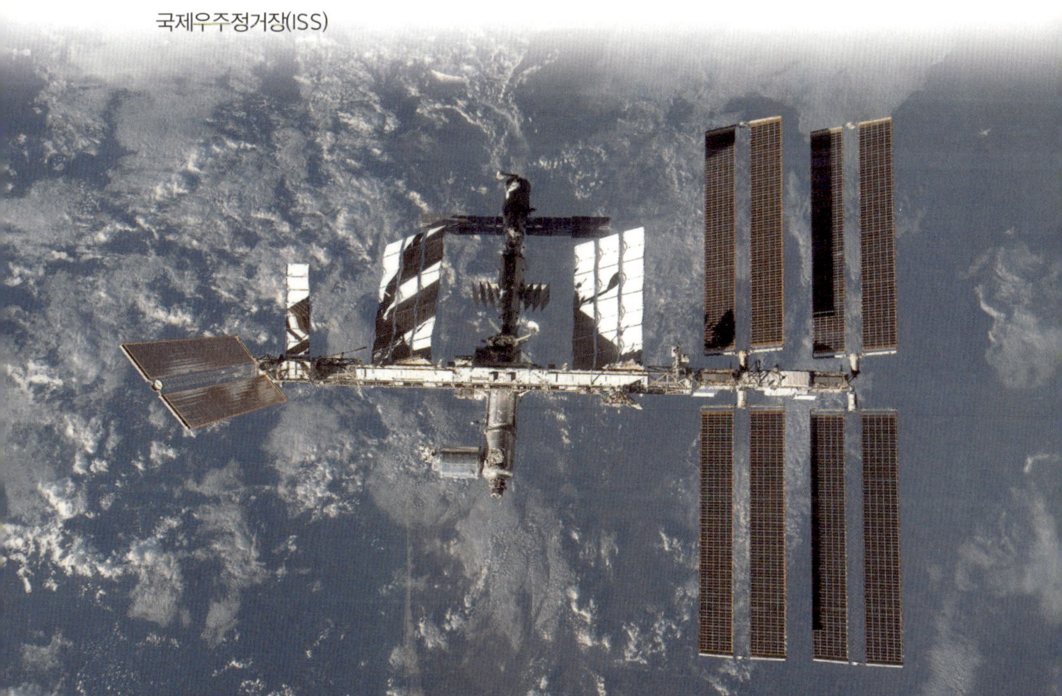

러시아 우주인이 같이 식사를 하고, 일본과 유럽 우주인이 함께 실험을 한답니다. 언어가 달라도 몸짓과 웃음으로 소통하며 서로를 돕지요. 지구에서 정치적 긴장이 심할 때도, 국제우주정거장 안에서는 평화가 지켜지고 있어요. 그래서 사람들은 국제우주정거장을 이 세상에서 가장 평화로운 장소라고 부릅니다.

ISS는 국제 협력의 상징으로, 우주 탐사의 막대한 비용과 위험을 여러 나라가 분담하며 더 많은 과학적 성과를 이끌어 내는 좋은 예가 되고 있어요. ISS에서 이루어진 다양한 연구들은 인류의 과학 지식과 기술 발전에 크게 기여해왔고, 앞으로도 우주 탐사의 중요한 이정표가 될 것입니다.

하지만 ISS는 2020년대 중반 이후로 수명이 다할 것으로 예상되고 있어요. 이에 따라 각국과 민간 기업들이 자신만의 우주정거장 건설을 준비하고 있기에 앞으로는 우주에서도 새로운 경쟁이 펼쳐질 가능성이 있지요. 그럼에도 불구하고 ISS가 보여 준 국제 협력의 경험은 '우주에서도 평화는 가능하다'는 중요한 메시지를 남기고 있답니다. 이 경험은 미래 우주 시대를 준비하는 우리 모두에게 큰 의미를 주고 있습니다.

우주에 길이 있다고?

배달에도 인공위성이 필요해

'우주에도 길이 있다'고 하면 조금 이상하게 들릴 수 있지만, 실제로 우주에는 자동차 도로처럼 눈에 보이는 길은 없지만 인공위성들이 지나가는 '궤도'라는 길이 있어요. 이 궤도를 따라 수천 개의 인공위성들이 쉼 없이 움직이고 있지요.

인공위성은 왜 필요할까요? 우리가 스마트폰으로 지도를 볼 때, 온라인 쇼핑을 하고 택배를 추적할 때, 심지어 농부가 농사를 지을 때도 인공위성이 필요해요. 특히 GPS(Global Positioning System) 위성 덕분에 우리는 언제 어디서든 내 위치를 정확히 알 수 있지요. 물건을 빠르고 정확하게 배달하는 것도, 드론이 하늘을 날아가는 것도, 모두 우주 위 인공위성 덕분이랍니다.

하지만 이 우주의 길, 즉 궤도가 점점 혼잡해지고 있어요. 지구 주변 저궤도(LEO, Low Earth Orbit)에는 통신 위성, 기상 위성, 군사 위성, 그리고 고장 나서 버려진 우주 쓰레기까지 엄청나게 많은 물체들이 떠다니고 있지요. 만약 인공위성끼리 충돌하거나 파편이 생긴다면, 우주의 길은 위험한 곳이 될 수 있어요. 그래서 각국은 인공위성의 발사뿐 아니라 우주교통관리(Space Traffic Management)를 위한 규칙을 만들기 위해 노력하고 있어요. 미래에는 우주에서도 신호등이나 '좌측통행', '우측통행'과 같은 규칙이 필요해질지도 모릅니다.

우주는 끝없이 펼쳐진 공간처럼 보이지만, 실제로 우리가 안전하게 오갈 수 있는 길은 매우 한정되어 있어요. 그래서 그 좁은 길을 지키고 존중하는 것이 앞으로 우주 시대를 살아갈 인류에게 더욱 중요한 과제가 되고 있답니다.

먼저 도착하는 사람이 주인, 화성 이주 프로젝트

'먼저 도착하는 사람이 주인이다'라는 말은 미국 서부 개척 시대에 자주 쓰이던 표현이지요. 그런데 이제 이 말이 지구를 넘어 화성(Mars)에도 적용될지 모릅니다. 지금 여러 나라와 기업들이 화성으로 가기 위한 경쟁을 벌이고 있기 때문이에요.

미국의 민간 우주탐사기업 스페이스X는 2016년 국제 우주 회의에서 화성 이주 계획을 발표했어요. 스타십이라는 거대한 우주선을 개발해 2050년까지 화성에 100만 명을 이주시킨다는 목표를 세웠지요. NASA(미국항공우주국)도 2030년대 초반을 목표로 사람을 화성에 착륙시키는 프로젝트를 추진하고 있고, 중국 역시 화성 무인 탐사선을 성공적으로 착륙시킨 데 이어, 사람을 보내는 계획을 세우고 있답니다.

왜 이렇게 모두 화성에 가고 싶어 할까요? 화성에는 물이 얼음 형태로 존재하고, 대기를 정제하면 산소를 만들 수도 있습니다. 생명체가 살아가는 데 꼭 필요한 물과 산소가 만들어질 수 있다면, 언젠가는 사람이 화성에 작은 도시를 세우고 농작물을 재배하며 살아갈 수도 있겠지요.

문제는, 만약 누군가 먼저 가서 화성에 기지를 세운다면 그 땅을 자기 나라 땅처럼 주장할 수 있을까 하는 점이에요. 앞에서 이야기한 우주조약에 따르면 '천체는 어떤 나라도 소유할 수 없다'고 되어 있습니다. 하지만 구체적으로 '사람이 살기 시작하면 어떻게 되는가?'에 대한 규정은 아직 명확하지 않아요.

그래서 미래의 화성은 먼저 도착한 사람이 주인이 될 가능성도 있고, 또 다른 국제적인 논의의 대상이 될 수도 있어요. 이제 화성은 더이상 단순한 탐사의 대상이 아니라 인류의 새로운 보금자리가 될지도 모릅니다.

스페이스X사의 재활용 가능한 초대형 우주 발사체 '스타쉽'의 발사 장면

어디까지 갈 수 있을까? 사건의 지평선, 블랙홀

인류는 오랫동안 우주를 탐구하면서 '우리는 어디에서 왔고, 또 어디까지 갈 수 있을까?'라는 근본적인 질문을 던져 왔어요. 이 질문에 대한 답을 찾기 위해 과학자들은 블랙홀(black hole)이라는 우주의 신비로운 존재를 연구하고 있지요. 블랙홀은 모든 것을 빨아들이는 우주의 거대한 함정과도 같은데, 그 중력이 너무 강해서 빛조차도 빠져나올 수 없어요. 그래서 우리는 블랙홀을 직접 볼 수는 없지만, 별이 갑자기 사라지는 모습이나, 주변의 별빛이 휘어지는 중력렌즈 현상 등을 통해 그 존재를 간접적으로 확인할 수 있답니다.

블랙홀에는 '사건의 지평선(Event Horizon)'이라는 경계가 있어요. 이 경계 안으로 들어가면 빛도, 정보도, 아무것도 다시는 밖으로 나올 수 없지요. 마치 우주가 정해놓은 마지막 문턱 같은 곳이랍니다. 만약 사람이 사건의 지평선에 가까이 다가간다면 어떻게 될까요? 과학자들은 이론적으로 블랙홀의 중심과 경계 사이의 중력 차이가 너무 커서, 몸이 위와 아래로 길게 늘어나는 '스파게티화(spaghettification)' 현상이 일어날 것이라고 설명합니다. 실제로 슈퍼컴퓨터 시뮬레이션을 통해 별이 블랙홀에 빨려 들어가는 과정을 재현해 보면, 별의 대부분이 우주로 흩어지고 극히 일부만 블랙홀에 남는다는 결과도 나왔어요.

블랙홀을 연구하는 과학자들은 다양한

스파게티 현상

방법으로 이 신비로운 존재의 비밀을 풀기 위해 노력하고 있어요. 2019년에는 이벤트호라이즌 망원경(EHT) 프로젝트를 통해 인류 최초로 먼 은하(M87)의 블랙홀 그림자를 촬영하는 데 성공했답니다. 앞으로는 차세대 망원경을 이용해 블랙홀 주변의 자기장과 제트 형성 과정을 더 자세히 관찰할 계획도 세우고 있지요. 또, 블랙홀 내부의 '특이점'을 설명하기 위해 양자 중력 이론, 초끈 이론, 홀로그래픽 원리 등 다양한 이론적 연구도 활발히 진행되고 있어요. 최근에는 블랙홀이 다른 우주로 통하는 관문일 수 있다는 가설도 제기되어 많은 과학자와 SF 작가들의 상상력을 자극하고 있답니다.

아직까지 우리의 과학기술로는 블랙홀에 직접 다가가는 것은 불가능해요. 우리은하 중심에 있는 궁수자리 A* 블랙홀만 해도 지구에서 2만 6천 광년이나 떨어져 있으니까요. 하지만 블랙홀을 연구하는 일은 단순한 호기심을 넘어, 시간과 공간의 본질, 그리고 우주의 탄생과 미래에 대한 큰 질문을 풀어 가는 중요한 열쇠가 될 것입니다. 어쩌면 블랙홀은 인류가 우주여행에서 마주하게 될 마지막 관문일지도 모르지요. 앞으로 과학이 더 발전한다면, 우리는 블랙홀의 비밀을 풀어낼 수 있을까요? 아니면 블랙홀 너머에 또 다른 우주가 우리를 기다리고 있을까요? 이 신비로운 존재는 인류에게 끝없는 질문과 상상력을 선물하고 있답니다.

우주 경쟁과 우주 안보,
누리호는 무엇을 할 수 있을까

지금 이 순간에도 세계는 보이지 않는 새로운 경쟁을 벌이고 있어요. 그 무대는 바로 우주입니다. 과거에는 미국과 소련(현재의 러시아)이 달 착륙을 두고 치열하게 경쟁했다면, 이제는 더 많은 나라와 기업들이 우주를 향해 손을 뻗고 있지요. 우주는 더 이상 단순한 호기심의 대상이 아니라, 군사, 경제, 통신, 과학 등 미래 사회의 핵심 기술과 자원이 모여 있는 전략적 공간이 되었어요.

특히 통신 위성, GPS 위성, 군사 위성은 국가의 안보와 국민의 일상에 큰 영향을 미칩니다. 만약 한 나라가 상대국의 위성을 무력화시킨다면, 군사 작전뿐 아니라 국민 생활에도 심각한 혼란이 생길 수 있어요. 그래서 최근에는 '우주 안보(Space Security)'라는 개념이 등장했고, 각국은 위성을 어떻게 보호할지, 우주 공간에서의 충돌과 위협을 막기 위해 어떤 국제 규칙이 필요한지 논의하고 있답니다.

우리나라도 이 흐름에 적극적으로 동참하고 있어요. 대표적인 사례가 바로 한국형 발사체 '누리호'예요. 누리호는 순수 국내 기술로 개발된 우주 발사체로, 2023년 성공적으로 위성을 궤도에 올리며 한국의 우주 역량을 세계에 알렸어요. 또한 2025년 11월 27일 01시 13분 누리호 4차 발사가 성공적으로 이루어졌으며 탑재 위성 13기 모두 교신에 성공했어요. 이는 한국 우주탐사 역사상 처음인 성과랍니다. 이 성공은 한국이 독자적으로 우주에 진출할 수 있음을 보여 주는 동시에, 통신, 기상, 국방 등 다양한 분야에서 자주성과 안전성을 확보할 수 있다는 의미를 지닌답니다.

앞으로 한국은 누리호를 활용해 더 많은 위성을 쏘아 올리고, 우주 탐사선을 보내며, 달이나 화성 탐사에도 도전할 계획이에요. 정부는 2032년 달 착륙, 2045년 화성 착륙이라는 목표를 세우고, 우주개발 투자와 민간 우주 산업 육성, 첨단 우주기술 확보에 박차를 가하고 있지요. 이제 우주를 향한 기술은 선택이 아니라, 미래를 지키기 위한 필수 조건이 되었습니다.

———

누리호 3차 발사 장면

정리하며

우리가 이 책을 통해 함께 걸어온 길은 인류가 세상을 탐험하고 이해하려는 오래된 여정과 닮아 있어요. 대항해 시대의 미지의 땅에서부터, 심해와 우주라는 새로운 경계에 이르기까지, 인간은 언제나 '경계'를 넘어 새로운 가능성을 찾아 나섰지요. 바다는 더 이상 단순한 물의 공간이 아니고, 우주는 머나먼 신화 속 장소가 아닙니다. 이 모든 곳이 지금 여러분의 상상력과 선택에 달려 있지요.

지정학은 단순히 국가 간의 힘겨루기를 다루는 학문이 아니에요. 우리가 사는 세상을 더 깊이 이해하고, 더 나은 미래를 만들기 위해 꼭 필요한 시야이기도 하지요. 어쩌면 이 책을 읽는 여러분 중 누군가는 언젠가 심해의 미스터리를 풀거나, 인류 최초로 다른 별에 터전을 세우는 주인공이 될지도 모릅니다.

세계는 넓고, 여러분의 가능성은 그보다 더 큽니다. 이제, 다음 지도를 그리는 주인공은 바로 여러분입니다. 언제나 질문하고, 탐험하고, 꿈꾸세요. 여러분이 그리는 세상이 곧 미래가 될 테니까요.